"十二五"上海重点图书
"双一流"高校本科规划教材

U0192344

机械设计课程设计

（第二版）

主编◎安　琦　王建文

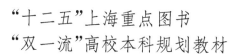

华东理工大学出版社
EAST CHINA UNIVERSITY OF SCIENCE AND TECHNOLOGY PRESS

·上海·

图书在版编目(CIP)数据

机械设计课程设计 / 安琦,王建文主编. —2 版
. —上海:华东理工大学出版社,2021.8
ISBN 978 - 7 - 5628 - 6546 - 9

Ⅰ.①机… Ⅱ.①安… ②王… Ⅲ.①机械设计—课
程设计—高等学校—教材 Ⅳ.①TH122 - 41

中国版本图书馆 CIP 数据核字(2021)第 151312 号

内 容 提 要

本书以培养学生的基本机械设计能力和创新设计能力为目标。在编写过程中,充分考虑工程实际中机械设计的逻辑过程,强调设计的合理性、规范性和创新性,突出设计思维和设计能力的培养。

全书分为上下两篇,上篇以变速箱设计为对象,详细阐述了设计方案的拟订、运动和动力学参数的计算、主要传动件的设计、变速箱装配图及零件图的绘制、设计说明书的撰写;下篇提供了机械设计常用标准及规范,尽量涵盖必要的设计资料,去除不必要的部分,使得可读性更强。

本书可供普通高等院校机械类、近机类专业师生使用,也可作为工程技术人员的学习及设计参考资料。

项目统筹 / 吴蒙蒙
责任编辑 / 吴蒙蒙
装帧设计 / 徐 蓉
出版发行 / 华东理工大学出版社有限公司
    地址:上海市梅陇路 130 号,200237
    电话:021 - 64250306
    网址:www.ecustpress.cn
    邮箱:zongbianban@ecustpress.cn
印 刷 / 广东虎彩云印刷有限公司
开 本 / 787 mm × 1092 mm 1/16
印 张 / 12
字 数 / 292 千字
版 次 / 2012 年 1 月第 1 版
    2021 年 8 月第 2 版
印 次 / 2021 年 8 月第 1 次
定 价 / 46.80 元

第二版前言

本教材从 2012 年 1 月出版以来,得到国内多所高校的采用,使用反响很好。但随着时间的推移,编者在教学实践过程中也感到原教材在有些方面仍有改进的空间。为此,作者对原教材进行了修订,对整本教材的编写做了进一步完善。

本教材的编写和修订,得益于作者多年来从事机械设计课程设计的教学及教学改革,并在教学过程中针对如何提升学生的机械设计能力进行持续的研究及实践。本次修订中,作者参阅了国内外大量的相关教材和文献。在满足实际机械设计要求、逻辑性提升、课程设计中方便学生学习掌握等方面进行了完善。

本次的修订工作主要体现在以下几点:

1. 进一步强调了设计思想和设计的逻辑顺序。对变速箱的设计逻辑过程进一步细化,从逻辑上对变速箱设计方法的介绍进一步优化,将设计过程的每一个计算、参数查取、尺寸确定都与具体的设计目标相结合,促使学生在阅读教材过程中,能够通过实践形成对设计方法的掌握,并在设计过程中逐步理解设计应该遵循的一般顺序,从而掌握机械设计的基本逻辑方法。

2. 在变速箱设计中进一步强调基本设计能力的培养。从原理的构思、基本参数的计算、传动元件的设计、装配图及零件图的绘制等几个环节入手,通过方法的介绍及具体实例的引入,告诉学生方案的确定及分析方法、装配图和零件图该如何绘制,进一步强调了标准和规范的应用方法,培养学生严格依据规范和标准进行独立设计的能力。

3. 进一步强调了机械创新设计能力的培养。所谓机械创新设计能力,就是针对一个实际的工程问题,应用所学的专业理论构思新的原理,并将原理设计成具体的装配图和零件图。为此,在第一版的基础上,本次修订在变速箱设计的介绍中,引入对方案的比较与分析讨论,并明确鼓励学生构思自己的方案。在附录 2 中增加了若干实际的设计题目,供读者选择进行创新设计实践。

4. 进一步体现了近年来机械设计学科的发展要求。根据教学过程的实际应用,结合读者的反映,本次修订过程,对部分采用的规范、标准进行了更新,对部分例题内容进行了增删,对所有的插图进行了完善,对于跟不上时代的表述方法进行了修改,使得本教材进一步完善和紧跟学科发展要求。

本教材的编写和修订过程中,全体编者多次进行了研讨,并主要由华东理工大学机械与动力工程学院安琦、王建文、李正美、殷勇辉负责完成修订定稿工作。

限于编者能力,新版教材尚无法达到完美的程度,恳请广大教师和学生批评指正。

编者

2020 年 9 月于上海

前　言

"机械设计课程设计"是机械类专业十分重要的一门课程,该课程使学生有机会将"机械设计"课程中学习到的理论知识和设计方法加以应用,进而培养基本的机械设计能力。作为"机械设计课程设计"的任课教师,长期的教学实践使我们深深感到,编写一本更加符合实际机械设计要求、逻辑性更好、便于学生在设计中应用的教材十分必要。

本教材在编写过程中,充分考虑了实际机械设计的逻辑过程以及目前国际上机械设计课程教学内容的发展,以最大限度培养学生的设计思想和独立设计能力为出发点,使得本教材具有如下一些特点。

1. **强调设计思想的培养。**所谓设计思想就是在设计过程中的每一个环节中指导性的分析方法和设计思路,它反映在设计方案的确定、工作原理的构思、结构设计、装配图与零件图的绘制以及设计说明书的撰写等整个设计过程。本教材在每一个知识点的编写中,着重介绍分析、综合与判断的方法,从而使学生不仅学会如何设计,同时掌握设计的思想,即知其所以然。

2. **强调设计的逻辑过程。**所谓设计的逻辑过程就是一般的机械设计应该遵循的合理过程,有了合理的过程才能保证合理的设计结果。为此,本教材在前后章节的安排上、在每一章的知识顺序安排上进行科学的整合,使得知识体系更加合理,学生在设计过程中,将形成自然的翻阅过程,一步步地完成设计过程,不仅会使学生的学习效率提高,同时也将通过这个过程让学生自然掌握机械设计的一般过程。

3. **强调基本设计能力的培养。**基本设计能力的培养体现在变速箱的设计实践中,本教材在深入分析变速箱设计的特点基础上,进行了设计逻辑分解,在方案的制订上强调分析与优化,在传动件的设计上设置了相关的设计例题,在装配图和零件图的绘制上强调逻辑顺序和规范性,注重设计方法的阐述。

4. **强调机械创新设计能力的培养。**所谓机械创新设计能力,其实就是在面对一个实际设计问题时进行设计的能力。本教材单独设置了一章内容阐述创新机械设计的特点和方法,并通过具体的设计案例说明什么是创新机械设计以及如何设计,并在附录中提供了大量的可供学生进行创新机械设计实践的题目。

5. **强调设计的合理性和规范性。**合理性和规范性是一个优秀机械设计的重要标志,本教材在方案的制订、设计计算、设计图绘制、说明书撰写等方面,强调哪些需要细化、哪些可以简化、哪些一定要符合规范。在设计资料的编写中,尽量涵盖必要的设计资料,去除不必要的部分,从而使得整个教材的篇幅十分简洁,降低学生的阅读负担,从而提高学习效率。

本教材由华东理工大学的安琦、王建文编写,其中安琦编写第 1、2、4、7、8、9、12、13、14、15章,王建文编写第 3、5、6、10、11 章,华东理工大学的王小芳、陈琴珠、夏守浩参与了本教材的编写方案讨论。此外,华东理工大学研究生李正美、陈守俊、江丰元等同学参与了文字及图表的整理工作。全书由安琦进行统稿编辑。

限于编者水平和时间仓促,书中缺点和错误在所难免,恳请广大读者批评指正。

编者

2011 年 8 月于上海

目　录

上篇　变速箱设计

I

下篇　机械设计常用标准及规范

上篇　变速箱设计

第1章 绪 论

1.1 课程设计的作用

"机械设计课程设计"是"机械设计"的一门延续课程,在学完"机械设计"课程后学习。"机械设计"课程主要完成的任务是学习在普通工作条件下一般参数的通用机械零件和部件的工作原理、结构、材料、设计及选型方法,而"机械设计课程设计"课程的主要任务就是如何利用在"机械设计"课程中学习到的设计理论知识,针对具体的设计对象开展机械设计的实践,进一步强化"机械设计"课程所学习到的设计理论知识,初步掌握对简单机器的整机设计能力。

本课程的基本教学目标包括:

(1) 制订机械传动和机械结构总体方案的能力培养。运用机械设计的相关理论,结合设计题目给定的综合条件及参数,在全面考虑机器的功能要求、可靠性要求、成本要求、空间尺寸要求、效率要求、强度要求、外观要求以及环境条件要求等一系列因素下,制订整台机器的基本设计方案。

(2) 将机械原理设计转化为具体的装配图和零件图的设计能力培养。运用机械设计的相关知识,将机械原理设计转化为实际加工制造所需要的零部件图纸。在这一转换过程中将针对某一具体的设计题目,在综合考虑加工方法、热处理方法、密封结构、润滑方式、安装方式、检修维护等一系列因素下,通过理论计算、结构设计,并参照有关设计规范要求,绘制出能够送交工厂加工生产的装配图和零件图。

(3) 撰写设计计算说明书、编写技术文件的能力培养。学会使用各种设计资料(包括设计标准、设计规范、设计手册、设计图册等),学会机械设计的数据处理方法、编写设计计算说明书和设计文件。

(4) 初步进行机械创新设计的能力培养。针对一个实际的设计问题,培养学生在没有专门设计指导教材的情况下进行方案制订、装配图设计、零件图设计和设计说明书撰写的能力。

1.2 课程设计的内容

从20世纪50年代开始,我国"机械设计课程设计"所选择的设计题目基本上都是针对一个变速箱进行设计。之所以选择变速箱作为设计题目是有其内在合理性的,因为变速箱是一个相对独立的机械设备,并且应用十分普遍。尤其重要的是,变速箱的设计过程几乎应用了"机械设计"课程教学的全部内容,可以使学生的机械设计能力得到全方位的巩固和提高。

本教材附录1中提供了若干个变速箱相关的设计题目,可以供课程设计时选用。如果选择如图1-1所示的两级齿轮传动变速箱作为设计题目,则设计内容应该包括如下几个方面:

(1) 对设计题目进行分析,进行传动装置的方案总体设计;

(2) 电动机的选择及各级传动装置的运动和动力学参数计算;

(3) 各级传动零件的设计计算;

(4) 变速箱装配图和零件图的设计和绘制；

(5) 变速箱设计计算说明书撰写和课程设计答辩。

一般要求学生在课程设计中完成以下任务：

(1) 绘制变速箱装配图 1 张；

(2) 绘制变速箱零件图 2～3 张(可以是箱体、轴、传动零件等)；

(3) 编写变速箱设计计算说明书 1 份。

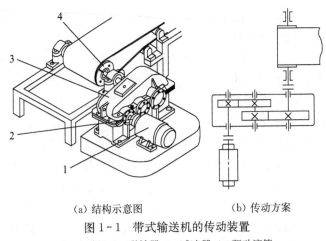

(a) 结构示意图　　　　　　　　(b) 传动方案

图 1-1　带式输送机的传动装置

1—电动机；2—联轴器；3—减速器；4—驱动滚筒

1.3　课程设计的步骤

机械设计课程设计过程其实就是一个与工业实际机械产品设计基本一致的过程，面对一个产品设计的项目，首先要根据设计目标(功能要求、应用环境要求、经济性要求、可靠性要求、外观要求等)，通过查阅资料和市场调研确定设计任务。当然，对于机械设计课程设计来说，由于其是一个培养学生的过程，往往是由教师给出题目，也就是所谓的设计任务书。

拿到设计任务书后，学生应仔细研究任务书要求，根据设计任务书提供的原始设计数据和工作条件，从方案的设计入手，通过总体方案设计、零部件设计，最后以装配图、零件图和设计计算说明书作为设计的最终结果。

机械设计课程设计的一般步骤可以分为以下几个方面。

(1) 设计前的准备工作。这部分工作包括：① 研究设计任务书，分析设计题目，了解设计要求和内容；② 观察实物或模型，进行变速箱装拆实验；③ 将机械设计课程的有关内容再复习一下；④ 准备好设计需要的资料、图书、工具、图纸，并初步拟订一个计划进度(如果用计算机绘图，应该将相关绘图软件安装好)。这部分所用时间大约占总设计时间的 5%。

(2) 传动装置的方案设计和总体设计。这部分工作包括：① 根据机械原理和机械设计相关知识，结合设计任务书的要求，拟订若干传动装置的原理方案，并通过比较分析确定出一种较好的传动方案作为本设计的方案；② 根据设计任务书要求，选择合适的电动机；③ 确定传动装置的总传动比以及各级传动的传动比；④ 计算传动装置的运动和动力参数。这部分所用时间大约占总设计时间的5%。

（3）变速箱传动零件的设计。这部分工作主要包括：① 设计从电动机向变速箱传递动力的传动零件（一般为皮带传动或链传动）；② 设计变速箱内部的传动零件（一般为直齿轮传动、斜齿轮传动、蜗杆传动或锥齿轮传动）。这部分所用时间大约占总设计时间的5%。

（4）变速箱装配草图的设计。这部分工作主要包括：① 确定变速箱各传动轴的大致结构和每段轴的基本直径尺寸，选择联轴器；② 确定变速箱各零件的相互位置；③ 选择滚动轴承并进行寿命计算，选择键连接、轴承端盖、窥视孔、油标等标准件，确定传动润滑方式；④ 设计变速箱箱体结构；⑤ 对传动轴进行强度校核计算，校核轴承的寿命；⑥ 完成箱体草图绘制。这部分所用时间大约占总设计时间的35%。

（5）变速箱装配图和零件图绘制。这部分工作包括：① 对绘制好的装配图草图进行检查，去掉多余线条，改正错误，完成剖面线，形成装配图；② 标注必要的装配尺寸和结构尺寸，编写零件号，撰写标题栏和技术说明；③ 选择若干零件，绘制零件图。这部分所用时间大约占总设计时间的30%。

（6）撰写设计计算说明书。这部分工作包括：① 将设计过程中各部分的设计计算过程进行整理，编写设计计算说明书；② 设计计算说明书要按照规定的格式进行撰写；③ 设计计算说明书的撰写顺序要与设计过程相一致。这部分所用时间大约占总设计时间的15%。

（7）课程设计总结与答辩。这部分工作主要包括：① 撰写设计总结，主要内容为设计过程的体会、设计的优缺点等；② 参加答辩，回答老师及同学们针对设计所提出的问题（答辩也可以在设计过程中以指导教师提问的形式随机进行）。这部分所用时间大约占总设计时间的5%。

1.4 课程设计的注意事项

"机械设计"是培养学生的机械设计理论知识的课程，这些理论知识是否能够转化为学生实际的机械设计能力，关键就要看"机械设计课程设计"课程的教学效果。可以说，"机械设计课程设计"是机械类专业学生进入大学后第一次较为全面的机械设计能力训练，要达到预期的教学效果，应注意以下几个方面的问题。

（1）在思想上重视"机械设计课程设计"课程的学习。一定要树立"设计能力来源于设计实践"的思想，只有通过实际的设计训练才能将在"机械设计"课程中学习到的知识真正掌握，形成实际的机械设计能力。

（2）树立主动设计思想，鼓励学生自己构思创新性的方案。虽然课程设计是有指导教材的，但绝不能依赖教材而被动地设计，绝不能照搬照抄，提倡自己动脑筋思考，深入钻研，将"机械设计"课程学习中学到的理论知识灵活应用，做到设计中的每一步都有根据，每一根线条的绘制都有出处。

（3）重视培养一丝不苟的严谨设计作风。机械设计过程讲究的是科学严谨、精益求精、严格规范，来不得半点马虎，要通过这个过程学习机械设计的扎实基本功，培养规范意识和责任意识，从而养成机械设计的良好工作作风。

（4）重视培养综合的机械设计能力。要成为一名优秀的机械设计工程师，一定要树立大设计观念，因为一个好的设计需要设计者具备全方位的知识并进行合理应用才能实现。在设计时，要综合考虑原理、加工方法、热处理方法、拆装及维护、功能及成本等一系列因素，同时还要考虑结构、工艺及标准化问题。因此，在设计中应明确优化思想，边计算、边设计、边绘图、边修改，不断完善，追求卓越。

（5）重视经验兼顾规范和理论计算。机械设计是一项十分特殊的工作，虽然设计的零部件有不少尺寸可以通过理论计算获得，但还有很多尺寸是无法（或难以）通过理论计算获得的，这时前人积累的经验往往就要发挥很重要的作用。例如，结构设计往往是在经验的帮助下进行的。因此，要重视经验，并在重视经验的同时兼顾理论计算的结果。经验固然重要，但经验往往不能覆盖所有的实际应用，这就需要将经验与理论计算进行有效结合，做出综合的设计判断。此外，机械设计很重要的一点是，在设计的所有阶段，一定要兼顾规范和标准，各行各业都会有不同的规范要求，这就要求设计者不断学习规范，灵活地运用规范。

（6）重视机械创新设计能力的培养。机械设计课程设计虽然主要介绍的是变速箱的设计方法，但在教学过程中应尽可能加入创新设计的内容。因为在实际的设计工作中，是没有针对某一具体问题的指导教材的。可以说，所有实际的机械设计都属于创新设计，需要设计者具备结构创新和原理创新的能力。因此，机械创新设计能力的培养是十分重要的。

第 2 章　变速箱总体设计

变速箱的总体设计包括传动方案及传动级数的确定、电动机的选择、传动比的分配、各级传动的运动和动力参数的计算以及传动装置的布置方式确定等。在这几项工作中,传动方案的确定最为关键。

2.1　传动方案的比较与确定

一个完整的机器通常由原动机、传动装置和工作机三部分构成。传动装置处于原动机和工作机中间,传动装置的主要作用是改变原动机的速度、改变转矩或力、改变运动形式、改变动力和运动参数,协调原动机和工作机之间的运动关系和动力关系。在机械设计中,传动装置是大多数机器的主要组成部分。例如,在汽车中,制造传动部件所花费的劳动量约占制造整个汽车的 50%,而在金属切削机床中则占 60% 以上。因此,传动装置的设计对整台机器的性能、尺寸、重量和经济性等整体性能有很大的影响。

由于针对一个具体的设计问题,传动方案可以有多种不同的选择,设计确定传动方案就显得十分重要,需要根据设计任务书的要求,通过拟订若干种不同的传动方案,进行比较分析和优化,选择最佳的传动方案。

常用的机械传动方式很多,比如我们在"机械设计"课程中学习到的皮带传动、链传动、齿轮传动、蜗轮蜗杆传动、锥齿轮传动等。在一个具体的设计中究竟用到哪些传动以及如何使用这些传动形式是拟订传动方案的关键,为此,首先要弄清各种传动方式的特点。表 2-1 列出了几种常用传动方式的基本特点。

表 2-1　常用传动方式的特点

性能指标	传动方式						
	平带传动	V 带传动	圆柱摩擦轮传动	链传动	齿轮传动		蜗杆传动
功率 P/kW	小($\leqslant 20$)	中($\leqslant 100$)	小($\leqslant 20$)	中($\leqslant 100$)	中(最大达 50)		小($\leqslant 50$)
单级传动比: 常用值 最大值	2～4 5	2～4 7	2～4 5	2～5 6	圆柱 3～5 8	圆锥 2～3 5	10～40 80
传动效率	中	中	较低	中	高		较低
许用线速度 $v/(\text{m} \cdot \text{s}^{-1})$	$\leqslant 25$	$\leqslant 25\sim 30$	$\leqslant 15\sim 25$	$\leqslant 40$	6 级精度直齿轮$\leqslant 18$ 非直齿$\leqslant 36$ 5 级精度可达 100		滑动速度 $v_s \leqslant 50$
外廓尺寸	大	较大	大	较大	小		小
传动精度	低	低	低	中等	高		高

续表

性能指标	传动方式					
	平带传动	V带传动	圆柱摩擦轮传动	链传动	齿轮传动	蜗杆传动
工作平稳性	好	好	好	差	一般	好
自锁能力	无	无	无	无	无	可有
过载保护	有	有	有	无	无	无
使用寿命	短	短	短	中等	长	中等
缓冲吸振能力	好	好	好	一般	差	差
制造安装精度	低	低	中等	中等	高	高
润滑要求	不需要	不需要	少	中等	高	高
环境适应性	不能接触酸、碱、油类、爆炸性气体等有腐蚀性的介质	一般	好	一般	一般	

　　在确定传动装置的总体方案时,学生应积极发挥创新能力,培养独立设计的意识和能力,在充分调研的基础上,提出自己的设计方案。方案的确定其实就是一个不断比较、分析和优化的过程。一般而言,传动效率高、寿命长、外廓尺寸小、重量轻是方案优化的目标。

　　针对一个变速箱的设计,其传动方案可以用机构运动简图表示,拟订若干种不同的方案,进行选择性设计。例如,设计如图1-1所示的带式输送机的传动装置可以初步拟订出图2-1所示的几种传动方案。

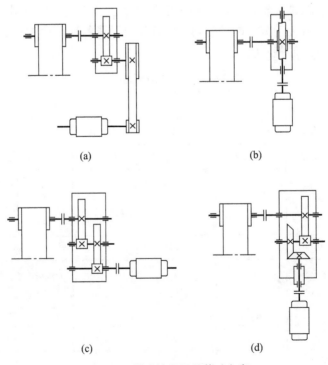

(a)　　　　　　　　　　　　(b)

(c)　　　　　　　　　　　　(d)

图2-1　带式输送机的传动方案

一个好的传动方案,首先要满足功能要求,同时还应具有工作可靠、结构简单紧凑、效率高、经济性好及使用维护方便等优点。但实际中要找到完全满足这些要求的传动形式是十分困难的,一般是通过对几种拟订的传动方案进行比较,找出相对较好的方案。以下列出了机械传动方案制订过程中应该遵循的一般原则。

(1) 功率小时,宜选用结构简单、价格便宜、标准化程度高的传动方案,以降低制造费用。

(2) 功率大时,宜优先选用传动效率高的传动方案,以节约能源、降低生产费用。齿轮传动效率最高,自锁蜗杆传动和普通螺旋传动效率最低。

(3) 速度低、传动比大时,有多种方案可供选择。比如:① 采用多级传动,这时,带传动宜放在高速级,链传动宜放在低速级;② 要求结构尺寸小时,宜选用多级齿轮传动、齿轮-蜗杆传动或多级蜗杆传动。传动链应力求短一些,以减少零件数目。

(4) 链传动只能用于平行轴间的传动;带传动主要用于平行轴间的传动,功率小、速度低时,也可用于半交叉或交错轴间的传动;蜗轮蜗杆传动能用于两轴空间交错的传动,交错角为90°的最常用;齿轮传动能适应各种轴线位置的传动。

(5) 工作中可能出现过载的设备,宜在传动系统中设置一级摩擦传动,以便起到过载保护的作用。但摩擦会有静电发生,在易爆、易燃的场合,不能采用摩擦传动。

(6) 载荷经常变化,频繁换向的传动,宜在传动系统中设置一级能缓冲、吸振的传动(如带传动、链传动),或工作机采用液力传动(中速)或气力传动(高速)。

(7) 工作温度较高、潮湿、多粉尘、易燃、易爆的场合,宜采用链传动、闭式齿轮传动或蜗杆传动。

(8) 要求两轴严格同步时,不能采用摩擦传动和流体传动,只能采用齿轮传动或蜗轮蜗杆传动。

图 2-1 所示的几种传动方案各有优缺点,方案(a)制造成本低,但宽度尺寸大,带传动的寿命不高,不宜在恶劣的环境中工作。方案(b)结构紧凑,环境适应性好,但传动效率低,制造成本较高,长期连续工作困难。方案(c)工作可靠,传动效率高,维护方便,环境适应性好,但宽度尺寸较大。方案(d)工作可靠,传动效率高,维护方便,环境适应性好,尺寸小,但锥齿轮制造精度不高。可以看出,这四种方案各有优缺点,具体选用时要根据实际工况的特点进行确定。比如,在矿井下工作的机器,考虑安全性要求,不能采用有摩擦传动的元件;速度要求高的传动不能采用锥齿轮传动;对于大型设备,由于其对效率有较高的要求,不能采用蜗轮蜗杆传动等。

在进行机械设计课程设计时,即使教材或指导教师已经给出了传动方案,学生也应该对所采用的传动方案进行分析,指明其采用的理由,并且鼓励学生拟订自己的传动方案。

变速箱的内部传动机构的选择与布局也是传动方案制订过程的关键内容,表 2-2 列出了几种常用变速箱的内部布局形式。

表 2-2　常用变速箱的内部布局

名称	运动简图	传动比范围		特点及应用
		一般	最大值	
一级圆柱齿轮变速箱		≤5	8	齿轮可做成直齿、斜齿或人字齿。直齿轮用于速度较低或载荷较低的传动;斜齿或人字齿轮用于速度较高或载荷较大的传动

续表

名称	运动简图	传动比范围		特点及应用
		一般	最大值	
二级圆柱齿轮变速箱(展开式)		8～40	60	结构简单,但由于齿轮位置不对称,轴的弯曲刚度要求较高。用于载荷较为平稳的场合,轮齿可以为直齿或斜齿
二级圆柱齿轮变速箱(同轴式)		8～40	60	长度较短,但轴向尺寸较大、重量较重,中间齿轮润滑困难,中间轴较长
二级圆柱齿轮变速箱(分流式)		8～40	60	高速齿轮可以为斜齿轮,低速级可以为人字齿轮或直齿轮,结构较为复杂,但齿轮对称分布,载荷沿齿宽分布均匀,轴承受载荷均匀,中间轴受到的转矩较小,可以用于变载荷
一级圆锥齿轮变速箱		≤3	5	用于输入轴和输出轴两轴线相交的传动,可以做成卧式或立式,轮齿可以做成直齿或斜齿
二级圆锥-圆柱齿轮变速箱		8～15	圆锥直齿 22 圆锥斜齿 40	锥齿轮应布置在高速级,锥齿轮可以做成直齿、斜齿或曲齿,圆柱齿轮可以做成直齿或斜齿
蜗轮蜗杆变速箱(蜗杆下置)		10～40	80	蜗杆与蜗轮啮合处的润滑较好,蜗杆轴承的润滑较好,但蜗杆圆周速度不能太大,一般用于蜗杆圆周速度范围为≤4～5 m/s 的情况
蜗轮蜗杆变速箱(蜗杆上置)		10～40	80	装拆方便,蜗杆的圆周速度允许高一些,但蜗杆轴承的润滑不便,需要采用特殊结构。一般用于蜗杆的圆周速度范围为≥4～5 m/s 的情况
行星齿轮变速箱		3～9	20	体积小,结构紧凑,重量轻,但结构复杂,制造和安装精度要求高

2.2 电动机型号及参数选择

对于一般的变速箱来说,原动机基本上都是采用电动机。电动机输出连续的旋转运动,通过传动装置(变速箱)带动工作机工作。在完成变速箱的方案设计后,接下来要进行电动机的选择。电动机的选择包括选择类型、选择结构形式、选择电动机的功率、选择转速、确定型号。

电动机为标准化程度较高的产品,由专业厂家按照标准生产,品种多,应根据工作机的工作特性、工作环境、工作载荷等要求进行选择。

2.2.1 电动机的功率选择

电动机功率的选择是否合适,决定了整台机器的经济性和能否正常工作。功率选得过小,则不能保证机器正常的工作,甚至出现电动机过载烧坏的现象;而功率选得过大,则电动机的动力性能得不到充分的应用,处于欠载状态工作,其效率和功率因数都会较低,导致经济性较低,同时过大功率的电机也会有体积大、价格高的问题。确定电动机功率时,应考虑电动机的发热、过载能力和启动能力等多种因素。一般情况下,电动机的功率主要由机器运行过程中公称功率和发热损耗决定。对于载荷比较稳定、长期连续工作的机器,只要其所选择的电动机的功率等于或大于实际所需消耗的功率,工作时就不会发生过热现象,因此,通常不需要进行电动机的发热和启动转矩计算。

电动机的功率 P_d 可以通过式(2-1)进行计算:

$$P_d = \frac{P_w}{\eta} \tag{2-1}$$

式中 P_w——工作机所消耗的功率,即输入工作机轴的功率,kW;

η——从电动机到工作机之间所有传动环节的总效率。

从式(2-1)可以看出,要确定电动机的功率,首先要计算工作机所需要的功率 P_w,它是由工作机的工作阻力和运动参数计算决定的。在机械设计课程设计中,所要设计的变速箱其实就充当了电动机到工作机之间的传动环节。当已知工作机主动轴的输出转矩和转速时,就可以计算出工作机主动轴所需要的功率:

$$P_w = \frac{T n_w}{9\,550} \tag{2-2}$$

或

$$P_w = \frac{F v}{1\,000} \tag{2-3}$$

式中 T——工作机的阻力矩,N·m;

n_w——工作机输入轴转速,r/min;

v——工作机的线速度,m/s;

F——工作机的工作阻力,N。

这里要强调总传动效率 η 的计算方法,它是组成传动链的各个环节效率的乘积,即:

$$\eta = \eta_1 \cdot \eta_2 \cdot \eta_3 \cdots \eta_n \tag{2-4}$$

式中，η_1，η_2，η_3，$\cdots$，η_n 分别为各个传动环节(比如：齿轮传动、蜗轮蜗杆传动、带传动、链传动)、滚动轴承、联轴器等的效率。表 2－3 列出了常见传动和摩擦副的效率值。

表 2－3　常用机械传动和摩擦副的效率

名　　称		效率 η
圆柱齿轮传动	7 级精度(油润滑)	0.98
	8 级精度(油润滑)	0.97
	9 级精度(油润滑)	0.96
	开式传动(脂润滑)	0.94～0.96
锥齿轮传动	7 级精度(油润滑)	0.97
	8 级精度(油润滑)	0.94～0.97
	开式传动(脂润滑)	0.92～0.95
蜗轮蜗杆传动	自锁蜗杆(油润滑)	0.40～0.45
	单头蜗杆(油润滑)	0.70～0.75
	双头蜗杆(油润滑)	0.75～0.82
滚子链传动	开式	0.90～0.93
	闭式	0.95～0.97
V 带传动		0.85～0.95
滚动轴承		0.98～0.99
滑动轴承		0.97～0.99
联轴器	弹性联轴器	0.99
	刚性联轴器	0.99
运输机滚筒		0.96

在使用表 2－3 时应注意以下几点：(1) 动力每经过一对摩擦副或一个传动副，就会产生一次功率损耗，所以计算时不能遗漏。(2) 表 2－3 中所列出来的传动效率是指一对传动副的效率，比如，一对齿轮对应一个效率值，这个数值仅仅是齿轮的啮合效率，而不包括支撑齿轮的轴承效率。(3) 轴承效率指的是一对轴承的效率，比如，一根轴上装了两个轴承，则其效率通过一个效率值体现。(4) 表 2－3 中的有些效率值为一个范围，选用时可根据实际情况取高或取低。比如，当工作条件较差、加工精度较低、维护不良时，应将效率值取得低一些，反之取得高一些。在情况不太明确时，建议取中间数值。

2.2.2　电动机型号的选择

在完成电动机功率的计算后，可以开始选择电动机的型号。电动机按使用的电源分为交流电动机和直流电动机，工业上使用的电动机一般采用三相电源，在没有特殊要求的情况下一般采用 Y 系列笼型三相异步电机，因为这种电动机具有结构简单、维修方便、工作效率较高、重量轻、价格低、负载特性较好等优点，可以满足大多数工业应用的需要，它也是目前工业界应用最广的一种电机。

如果需要经常启动、制动和反转的工况，要求电动机有较小的转动惯量和较强的过载能力，应选用起重及冶金用的 YZ(笼型)系列或 YZR(绕线型)系列异步电动机。

按照安装方式，电动机分为卧式和立式两类；按照防护方式不同，电动机分为开启式、防护式(防滴式)、封闭式及防爆式等，在实际使用时可根据需要进行选择。

2.2.3　电动机转速的确定

在电动机的型号选择确定后,接下来要确定电动机的转速。一般来说,同一类型、相同功率的电动机具有多种转速。比如,同一功率的异步电动机有同步转速 3 000 r/min、1 500 r/min、1 000 r/min,750 r/min 等几种,电动机的同步转速越高,磁极对数越少,外形尺寸越小,价格越低;反之,转速越低,磁极对数越多,外形尺寸越大,价格越高。当工作机转速较高时,选用高速电动机较经济,若工作机转速较低时也选用高速电动机,则此时的总传动比较大,会导致传动系统结构复杂、造价高。因此,应综合考虑电动机及传动装置的尺寸、重量、价格,通过分析比较,选出合理的电动机转速。在一般机械中,选用得最多的同步转速是 1 500 r/min 和 1 000 r/min 两种。

此外,也可以通过粗略估算的方法确定电动机的转速,即根据工作机主动轴的转速和每一级传动的常用传动比范围进行推算。

$$n'_d = (i'_1 \cdot i'_2 \cdot i'_3 \cdot \cdots \cdot i'_n) n_w \tag{2-5}$$

式中　n'_d——电动机的可选转速范围;

n_w——工作机主动轴转速;

$i'_1 \cdot i'_2 \cdot i'_3 \cdot \cdots \cdot i'_n$——各级传动的传动比范围。

本书表 12 - 1、表 12 - 2 中列出了常用电动机的技术数据、外形尺寸,供设计时选用。

2.3　传动装置的传动比分配与确定

在电动机选择完成后,电动机(动力机)的转速和工作机的转速已经明确,这时要考虑传动比的分配问题了。首先要计算总的传动比,总传动比其实就是电动机的满载转速(n_m)与工作机输入轴转速(n_w)之比:

$$i = \frac{n_m}{n_w} \tag{2-6}$$

因此,传动装置总的传动比也就等于各级传动比的连乘积:

$$i = i_1 \cdot i_2 \cdot i_3 \cdot \cdots \cdot i_n \tag{2-7}$$

在总的传动比确定后,可以考虑如何将这个总的传动比分配到每一级的传动上。由于每一级的传动都可以在一个传动比范围内进行工作,因此,如何合理地分配传动比,是传动装置设计中的关键环节之一。传动比分配得合理,可以减小传动装置的结构尺寸、减轻重量、取得较高的传动效率,达到降低成本、结构紧凑的目的。

关于如何对传动比进行分配,没有统一的方法,一般由设计者根据实际情况和自己的技术理解进行分配,但在具体分配过程中应注意以下几点:

(1) 在确定各级传动比时,应考虑将其数值确定在推荐的范围内(参见表 2 - 1),最好选择所用传动形式的常用传动比,不得超过许可的最大值。

(2) 传动比的分配应使各级传动的结构尺寸协调、结构匀称,避免发生相互间的碰撞或安装不便的现象。如图 2 - 2 所示的变速箱,由于高速级传动比过大,导致高速级大齿轮直径过大,与低速级的轴发生了干涉。

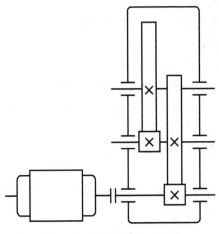

图2-2　齿轮与轴发生干涉

　　(3) 所选择的传动比,应使传动装置的外廓尺寸尽可能小、紧凑,从而实现重量小、成本低的目标。图2-3所示的两种选择方案可以看出,在相同的中心距和总传动比的前提下,不同的传动比分配所产生的外廓尺寸是不一样的,方案(b)具有更小的外廓(高度和总长均降低)。

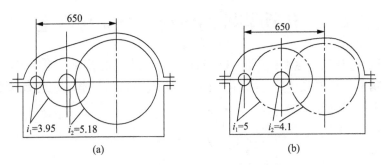

图2-3　传动比分配对外廓的影响

　　(4) 在多级变速箱设计中,为了使各级齿轮都得到充分的润滑,各级齿轮的浸油深度应该相近,为此通常使各级大齿轮的直径相近,并且一般低速级的大齿轮直径应该稍大一些,其浸油深度也稍深一些,这样会有利于润滑。

　　(5) 对于两级卧式齿轮变速箱,在两级齿轮的配对材料、性能、齿宽系数大致相同时,两级齿轮传动比的分配可以按照如下的方法进行。

　　展开式和分流式：$i_1 = (1.3 \sim 1.5)i_2$　以及 $i_1 = \sqrt{(1.3 \sim 1.5)i}$

　　同轴式：$\qquad\qquad\qquad\qquad i_1 = i_2 = \sqrt{i}$　　　　　　　　　　　　　　　(2-8)

　　圆锥-圆柱齿轮变速箱设计时,可以取高速级圆锥齿轮的传动比 $i_1 \approx 0.25i$,且 $i_1 \leqslant 3$。

　　齿轮-蜗杆变速箱设计时,可以取低速级圆柱齿轮传动比 $i_2 = (0.03 \sim 0.06)i$。

　　按照上述方法就可以确定出每一级传动比的数值,但这个数值仅仅是初始值,后续在进行有关具体传动件设计计算时可能还会有所微调,以便使其满足设计任务书的要求。如果设计条件中没有特别规定工作机的转速误差范围,则一般传动装置的允许误差范围为$\pm(3 \sim 5)\%$。

2.4　传动装置的运动和动力参数计算

在确定了总体传动方案和确定了各级的传动比之后,接下来要开始计算每一级传动中轴上的功率、轴的转速、传递的转矩。计算时一般是先将各轴从高速轴开始依次编号,比如:轴1、轴2、轴3……然后按此顺序进行计算。在计算时应注意:

(1) 按照工作机所需要的电动机的额定功率 P_{ed} 进行计算,各轴的转速依据电动机的满载转速 n_m,按照各级传动比进行推算;

(2) 同一根轴的输入功率与输出功率是不相同的,这是由轴承的功率损耗导致的。

2.4.1　各轴转速的计算

如图 2-4 所示的传动装置,其各轴的转速可以按照下述公式进行计算:

$$n_1 = n_m \tag{2-9}$$

$$n_2 = \frac{n_1}{i_{12}} = \frac{n_m}{i_{12}} \tag{2-10}$$

$$n_3 = \frac{n_2}{i_{23}} = \frac{n_m}{i_{12} \cdot i_{23}} \tag{2-11}$$

上述表达式中,i_{12}、i_{23} 分别为相邻两轴间的传动比(相邻的高速与低速的比值)。

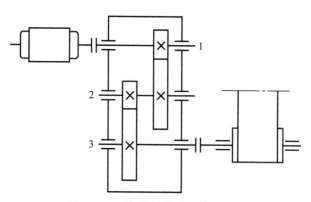

图 2-4　两级齿轮变速箱传动原理

2.4.2　各轴输入功率的计算

如图 2-4 所示的传动装置,其各轴的输入功率计算公式如下:

$$P_1 = P_{ed} \cdot \eta_{01} \tag{2-12}$$

$$P_2 = P_1 \cdot \eta_{12} = P_{ed} \cdot \eta_{01} \cdot \eta_{12} \tag{2-13}$$

$$P_3 = P_2 \cdot \eta_{23} = P_{ed} \cdot \eta_{01} \cdot \eta_{12} \cdot \eta_{23} \tag{2-14}$$

式中　P_{ed}——所选择的电动机的额定功率;

η_{01}——电动机与轴1之间的联轴器的效率;

η_{12}——轴1到轴2之间的传动效率,包括一对齿轮的啮合效率和一对轴承的效率(两者的乘积);

η_{23}——轴 2 到轴 3 之间的传动效率,包括一对齿轮的啮合效率和一对轴承的效率(两者的乘积)。

需要说明的是:由于同一根轴的输入和输出功率是不同的,在计算轴上的传动零件时,应使用该轴的输入功率。

2.4.3　各轴的输入转矩计算

针对图 2-4 所示的传动装置,各轴的转矩计算公式如下:

$$T_1 = 9\ 550 \frac{P_1}{n_1} \quad (\text{N} \cdot \text{m}) \tag{2-15}$$

$$T_2 = 9\ 550 \frac{P_2}{n_2} \quad (\text{N} \cdot \text{m}) \tag{2-16}$$

$$T_3 = 9\ 550 \frac{P_3}{n_3} \quad (\text{N} \cdot \text{m}) \tag{2-17}$$

为了对前面有关变速箱传动方案的制订、电机的选择、运动学和动力学参数计算方法进行总结,下面以一个例题进行说明。

[例题 2-1]　设计一带式运输机传动系统,电动机作为动力源,通过传动机构驱动卷筒。已知该带式运输机驱动卷筒的圆周牵引力 $F=3\ 000$ N,带速度 $v=1.2$ m/s,卷筒直径 $D=500$ mm。运输机在常温下连续单向转动,载荷较为平稳,环境有轻度粉尘,结构尺寸无特殊要求,电源为三相交流,电压为 380 V。要求对该带式运输机进行设计。

解:

(1) 拟订总体传动方案

拟订的传动方案如图 2-5 所示,电动机输出的动力通过一级皮带传动进入一个两级齿轮传动的变速箱,变速箱出来的动力通过联轴器带动皮带运输机工作。

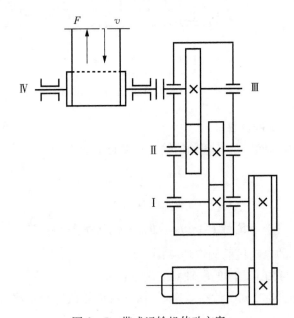

图 2-5　带式运输机传动方案

（2）选择电动机

按照工作要求,选择 Y 系列(IP44)防护式笼型三相异步电动机,电压为 380 V。

① 确定电动机功率及型号

卷筒轴的输出功率为：

$$P_{\mathrm{w}}=\frac{Fv}{1\,000}=\frac{3\,000\times1.2}{1\,000}=3.6 \text{ kW}$$

电动机输出功率为：

$$P_{\mathrm{d}}=\frac{P_{\mathrm{w}}}{\eta}$$

传动装置的总效率 $\eta = \eta_1\eta_2^3\eta_3^2\eta_4\eta_5=0.95\times0.99^3\times0.97^2\times0.99\times0.96=0.824\,3$

总效率计算式中,η_1 为带传动效率；η_2 为滚动轴承效率；η_3 为齿轮啮合效率；η_4 为联轴器效率；η_5 为卷筒轴滑动轴承效率。

所需电动机功率为：　　　　　　$P_{\mathrm{d}}=\dfrac{3.6}{0.824\,3}=4.367 \text{ kW}$

因载荷平稳,电动机额定功率略大于 P_{d} 即可,根据 12.1 节中表 12 - 1,选择电动机的功率为 5.5 kW,可选的电动机型号有三种：Y132S1-2、Y132M2-6、Y132S-4。Y132S1-2 重量轻、价格便宜,但总的传动比较大,传动的外廓尺寸较大,制造成本高,结构不够紧凑,故不可取。Y132S-4 与 Y132M2-6 相比,结构紧凑性稍弱,但价格、重量等均具有优势,综合考虑选择 Y132S-4。

② 确定电动机的转速

滚筒工作轴的转速

$$n_{\mathrm{w}}=\frac{60\times1\,000\times v}{\pi D}=\frac{60\times1\,000\times1.2}{3.14\times500}=45.859 \text{ r/min}$$

为了便于选择电动机的转速,先推算电动机的转速范围。由表 2 - 1 可知,V 带传动的传动比范围为 $i_1'=2\sim4$,二级圆柱齿轮减速器的传动比范围为 $i_2'=8\sim40$,则总传动比范围为 $i'=16\sim160$,故电动机的转速范围为 $n_{\mathrm{d}}'=(16\sim160)\times45.859=733.744\sim7\,337.44 \text{ r/min}$

可以看出所选电机 Y132S2-4 的同步转速为 1 440 r/min,符合转速范围要求。

（3）计算传动装置的总传动比并分配传动比

总传动比 $i=\dfrac{n_{\mathrm{m}}}{n_{\mathrm{w}}}=\dfrac{1\,440}{45.859}=31.4$

如果选取 V 带传动的传动比为 3.0,则变速箱的传动比 $i=\dfrac{31.4}{3}=10.46$

取两级齿轮传动变速箱高速级的传动比 $i_1=\sqrt{1.3i}=3.7$,

则低速级的传动比 $i_2=\dfrac{10.46}{3.7}=2.83$。

（4）计算传动装置的运动学和动力学参数

① 电机轴上：

$$P_0=P_{\mathrm{d}}=5.5 \text{ kW}$$

$$n_0 = n_m = 1\ 440 \text{ r/min}$$

$$T_0 = 9\ 550 \times \frac{5.5}{1\ 440} = 36.475 \text{ N} \cdot \text{m}$$

② 轴 I 上:

$$P_1 = P_0 \times \eta_1 = 5.5 \times 0.95 = 5.225 \text{ kW}$$

$$n_1 = \frac{n_0}{i_{01}} = \frac{1\ 440}{3} = 480 \text{ r/min}$$

$$T_1 = 9\ 550 \times \frac{5.225}{480} = 103.95 \text{ N} \cdot \text{m}$$

③ 轴 II 上:

$$P_2 = P_1 \times \eta_{12} = P_1 \times \eta_2 \times \eta_3 = 5.225 \times 0.99 \times 0.97 = 5.017 \text{ kW}$$

$$n_2 = \frac{n_1}{i_{12}} = \frac{480}{3.7} = 129.73 \text{ r/min}$$

$$T_2 = 9\ 550 \times \frac{5.017}{129.73} = 369.32 \text{ N} \cdot \text{m}$$

④ 轴 III 上:

$$P_3 = P_2 \times \eta_{23} = P_2 \times \eta_2 \times \eta_3 = 5.017 \times 0.99 \times 0.97 = 4.818 \text{ kW}$$

$$n_3 = \frac{n_2}{i_{23}} = \frac{129.73}{2.83} = 45.84 \text{ r/min}$$

$$T_3 = 9\ 550 \times \frac{4.818}{45.84} = 1\ 003.75 \text{ N} \cdot \text{m}$$

⑤ 轴 IV(滚筒轴)上:

$$P_4 = P_3 \times \eta_{34} = P_3 \times \eta_2 \times \eta_4 = 4.818 \times 0.99 \times 0.99 = 4.722 \text{ kW}$$

$$n_4 = \frac{n_3}{i_{34}} = \frac{45.84}{1} = 45.84 \text{ r/min}$$

$$T_4 = 9\ 550 \times \frac{4.722}{45.84} = 983.75 \text{ N} \cdot \text{m}$$

第3章　变速箱传动元件设计

3.1　皮带传动设计

3.1.1　皮带传动的设计步骤

皮带传动设计可以按照如下步骤进行：

(1) 确定工况系数 K_A；

(2) 确定计算功率 P_c；

(3) 选择带的型号；

(4) 选择小带轮直径 D_1；

(5) 计算大带轮直径 D_2；

(6) 初选中心距 a；

(7) 计算带长 L；

(8) 确定基准带长 L_d；

(9) 计算实际中心距 a；

(10) 验算小带轮包角 α_1；

(11) 验算带速 v；

(12) 查取单根 V 带额定功率 P_0；

(13) 查取单根 V 带额定功率增量 ΔP_0；

(14) 计算 V 带根数 z；

(15) 计算单根 V 带初张紧力 F_0；

(16) 计算带轮施加在轴上的力 F_Q；

(17) 绘制带轮结构图。

3.1.2　设计范例

[**例题 3-1**]　设计条件见例题 2-1。根据例题 2-1 所拟订的传动方案、电机选择、传动比分配的结果进行带传动的设计。已知 $P = 5.5\ \text{kW}, n_1 = 1\ 440\ \text{r/min}, i = 3$。

解：

计算项目	计算内容	计算结果
确定 V 带型号和带轮直径		
工况系数	由文献[1]查得	$K_A = 1.2$
计算功率	$P_c = K_A P = 1.2 \times 5.5$	$P_c = 6.6\ \text{kW}$
选择带型号	文献[1~8]	A 型
小带轮直径	文献[1~8]	$D_1 = 115\ \text{mm}$
大带轮直径	$D_2 = (1-\varepsilon)D_1 i = (1-0.01) \times 115 \times 3$ （设 $\varepsilon = 1\%$）	取 $D_2 = 340\ \text{mm}$

续表

计算项目	计算内容	计算结果
大带轮转速	$n_2=(1-\varepsilon)\dfrac{D_1n_1}{D_2}=(1-0.01)\times\dfrac{115\times1\,440}{340}$	$n_2=482.2$ r/min
最终传动比	$i=\dfrac{n_1}{n_2}=\dfrac{1\,440}{482.2}$	$i=2.986$（合适）
计算带长		
求 D_m	$D_m=\dfrac{D_2+D_1}{2}=\dfrac{340+115}{2}$	$D_m=227.5$ mm
求 Δ	$\Delta=\dfrac{D_2-D_1}{2}=\dfrac{340-115}{2}$	$\Delta=112.5$ mm
初取中心距	$2(D_1+D_2)\geqslant a\geqslant0.7(D_1+D_2)$	取 $a=610$ mm
计算带长	$L=\pi D_m+2a+\dfrac{\Delta^2}{a}=\pi\times227.5+2\times610+\dfrac{112.5^2}{610}$	$L=1\,955$ mm
基准长度	根据文献[1~8]查得	$L_d=2\,000$ mm
求中心距和包角		
实际中心距	$a=\dfrac{L_d-\pi D_m}{4}+\dfrac{1}{4}\sqrt{(L_d-\pi D_m)^2-8\Delta^2}$ $=\dfrac{2\,000-\pi\times227.5}{4}+\dfrac{1}{4}\sqrt{(2\,000-\pi\times227.5)^2-8\times112.5^2}$	取 $a=632.5$ mm
	考虑安装调整和保持张紧力的需要,中心距的变动调整范围为: $(a-0.015L_d)\sim(a+0.03L_d)$	
即	602.5 mm~692.5 mm	
小带轮包角	$\alpha_1=180°-\dfrac{D_2-D_1}{a}\times60°=180°-\dfrac{340-115}{632.5}\times60°$	$\alpha_1=158.6°>120°$
求带根数		
验算带速	$v=\dfrac{\pi D_1n_1}{60\times1\,000}=\dfrac{\pi\times115\times1\,440}{60\times1\,000}$	$v=8.67$ m/s(合适)
带根数	文献[1~8]查得:$P_0=1.686$ kW;$k_a=0.944$;$k_L=1.03$;$\Delta P_0=0.17$ kW $z=\dfrac{P_c}{(P_0+\Delta P_0)k_ak_L}=\dfrac{6.6}{(1.686+0.17)\times0.944\times1.03}=3.66$	取 $z=4$ 根
求轴上载荷		
张紧力	$F_0=500\dfrac{P_c}{vz}\left(\dfrac{2.5-k_a}{k_a}\right)+qv^2$ $=500\times\dfrac{6.6}{8.67\times4}\times\left(\dfrac{2.5-0.944}{0.944}\right)+0.10\times8.67^2$ (由文献[1~8]查得 $q=0.10$ kg/m)	$F_0=164$ N
轴上载荷	$F_Q=2zF_0\sin\dfrac{\alpha_1}{2}=2\times4\times164\times\sin\dfrac{158.6°}{2}$	$F_Q=1\,289$ N
带轮结构		
轮缘宽度 B	$B=(z-1)e+2f=(4-1)\times15+2\times10$	$B=65$ mm
具体结构形式及尺寸参考图3-1进行设计。		

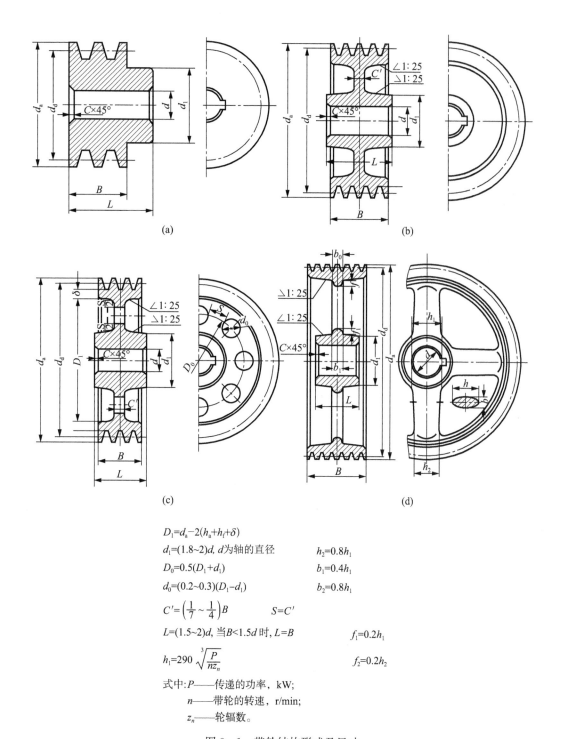

$D_1=d_a-2(h_a+h_f+\delta)$

$d_1=(1.8\sim2)d$, d 为轴的直径 $h_2=0.8h_1$

$D_0=0.5(D_1+d_1)$ $b_1=0.4h_1$

$d_0=(0.2\sim0.3)(D_1-d_1)$ $b_2=0.8h_1$

$C'=\left(\dfrac{1}{7}\sim\dfrac{1}{4}\right)B$ $S=C'$

$L=(1.5\sim2)d$, 当 $B<1.5d$ 时, $L=B$ $f_1=0.2h_1$

$h_1=290\sqrt[3]{\dfrac{P}{nz_n}}$ $f_2=0.2h_2$

式中: P——传递的功率, kW;

     n——带轮的转速, r/min;

     z_n——轮辐数。

图 3-1   带轮结构形式及尺寸

3.2 链传动设计

3.2.1 链传动的设计步骤

链传动设计可以按照如下步骤进行:

(1) 计算传动比 i;

(2) 选取小链轮齿数 z_1;

(3) 计算大链轮齿数 z_2;

(4) 确定工况系数 K_A;

(5) 计算功率 P_c;

(6) 确定特定条件下单排链传递的功率 P_0;

(7) 确定链节距 p;

(8) 验算小链轮轴孔直径 d_k;

(9) 初定中心距 a_0;

(10) 计算链节数 L_p;

(11) 计算实际中心距 a;

(12) 验算链速度 v;

(13) 计算有效拉力 F_1;

(14) 计算施加在轴上的力 F_Q;

(15) 选择润滑方式;

(16) 链轮结构设计。

3.2.2 设计范例

[例题 3-2] 设计一链传动,电动机转速为 970 r/min,工作机转速为 330 r/min,传动功率 $P=10$ kW。两班制工作,中心距可调。

解:

计算项目	计算内容	计算结果
选择链轮齿数		
小链轮齿数	参看文献[1~8]自定($z_1 \geqslant z_{\min}=17$)	$z_1=25$
传动比	$i=\dfrac{n_1}{n_2}=\dfrac{970}{330}$	$i=2.939$
大链轮齿数	$z_2=iz_1=2.939 \times 25$	$z_2=73$
计算功率		
确定工况系数 K_A	由文献[1~8]查取	$K_A=1.2$
计算功率	$P_c=\dfrac{K_A P}{k_z k_p}=\dfrac{1.2 \times 10}{1.34 \times 1} \leqslant P_0$ $k_z=1.34$;$k_p=1$,见文献[1~8]	$P_0 \geqslant 8.955$ kW
选取链节距		
链节距	根据 $P_0 \geqslant 8.955$ kW、$n_1=970$ r/min,由文献[1~8]查出 选用 12A 滚子链	$p=19.05$ mm

计算项目	计算内容	计算结果
验算小链轮轴孔直径		
小链轮轴孔直径	由文献[1～8]查取	必须小于 88 mm
确定中心距		
初定中心距	取 $a=40p$	$a=762$ mm
链节数	$L_{\mathrm{p}}=\dfrac{z_1+z_2}{2}+2\dfrac{a}{p}+\left(\dfrac{z_2-z_1}{2\pi}\right)^2\dfrac{p}{a}$ $=\dfrac{25+73}{2}+2\dfrac{40p}{p}+\left(\dfrac{73-25}{2\pi}\right)^2\dfrac{p}{40p}$	取 $L_{\mathrm{p}}=130$
实际中心距	$a=\dfrac{p}{4}\left[\left(L_{\mathrm{p}}-\dfrac{z_1+z_2}{2}\right)+\sqrt{\left(L_{\mathrm{p}}-\dfrac{z_1+z_2}{2}\right)^2-8\left(\dfrac{z_2-z_1}{2\pi}\right)^2}\right]$ $=\dfrac{19.05}{4}\times\left[\left(130-\dfrac{25+73}{2}\right)+\sqrt{\left(130-\dfrac{25+73}{2}\right)^2-8\left(\dfrac{73-25}{2\pi}\right)^2}\right]$	取 $a=758$ mm
验算链条速度		
链速 v	$v=\dfrac{z_1 n_1 p}{60\times1\,000}=\dfrac{25\times970\times19.05}{60\times1\,000}$	$v=7.7$ m/s
有效拉力	$F_1=\dfrac{1\,000P}{v}=\dfrac{1\,000\times10}{7.7}$	$F_1=1\,299$ N
轴上载荷	$F_{\mathrm{Q}}\approx1.2K_{\mathrm{A}}F_1=1.2\times1.2\times1\,299$	$F_{\mathrm{Q}}=1\,871$ N
确定润滑方式		
润滑方式	根据链速和额定功率由文献[1～8]查出	油浴润滑
结构设计	参看文献[1～8]进行设计	

3.3　齿轮传动设计

3.3.1　齿轮传动设计步骤

齿轮传动设计可以按照如下步骤进行：

1. **按齿面接触疲劳强度进行初步计算**

（1）计算齿数比 u；

（2）计算小齿轮额定转矩 T_1；

（3）确定齿宽系数 ψ_{d}；

（4）查取 A_{d} 值；

（5）查取接触疲劳极限 σ_{Hlim}；

（6）初步计算许用接触应力 $[\sigma_{\mathrm{H}}]$；

（7）初步计算小齿轮分度圆直径 d_1；

（8）初步计算齿宽 b。

2. **按齿面接触疲劳强度进行校核**

（1）验算圆周速度 v；

（2）选择精度等级；

(3) 确定齿数 z_1、z_2；

(4) 计算模数 m；

(5) 计算螺旋角 β；

(6) 查取工况系数 K_A；

(7) 确定动载系数 K_v；

(8) 确定齿间载荷分配系数 $K_{H\alpha}$；

(9) 确定齿向载荷分配系数 $K_{H\beta}$；

(10) 计算载荷系数 K；

(11) 查取弹性系数 Z_E；

(12) 查取节点区域系数 Z_H；

(13) 确定重合度系数 Z_ε；

(14) 确定螺旋角系数 Z_β；

(15) 计算应力循环次数 N_L；

(16) 计算大小齿轮的接触寿命系数 Z_N；

(17) 确定最小安全系数 S_{Hmin}；

(18) 计算许用接触应力 $[\sigma_H]$；

(19) 验算接触应力 σ_H。

3. 确定齿轮传动主要尺寸

计算齿轮传动的几何参数。

4. 对齿根弯曲疲劳强度进行验算

(1) 计算大、小齿轮的当量齿数 Z_v；

(2) 计算大、小齿轮的齿形系数 Y_{Fa1}、Y_{Fa2}；

(3) 确定应力修正系数 Y_{Sa}；

(4) 确定重合度系数 Y_ε；

(5) 确定螺旋角系数 Y_β；

(6) 确定齿间载荷分配系数 $K_{F\alpha}$；

(7) 确定齿向载荷分配系数 $K_{F\beta}$；

(8) 计算载荷系数 K；

(9) 确定弯曲疲劳极限 σ_{Flim}；

(10) 确定最小弯曲安全系数 S_{Fmin}；

(11) 计算应力循环次数 N_L；

(12) 查取弯曲寿命系数 Y_N；

(13) 确定尺寸系数 Y_X；

(14) 计算许用弯曲应力 $[\sigma_F]$；

(15) 验算弯曲应力 σ_F。

5. 计算齿轮传动作用在轴上的力

斜齿轮的分力计算。

6. 齿轮公差检验

检验项目和公差数据。

7. 齿轮结构

齿轮结构设计。

3.3.2　设计范例

[例题 3-3]　设计条件见例题 2-1。根据例题 2-1 所拟订的传动方案、电机选择、传动比分配的结果进行变速箱高速级斜齿轮传动的设计。已知 $P=5.225$ kW，$n_1=480$ r/min，$i=3.7$。

解：因传动尺寸无严格限制，批量较小，故小齿轮用 40Cr，调质处理，硬度 241 HB~286 HB，平均取为 260 HB；大齿轮用 45 钢，调质处理，硬度 229 HB~286 HB，平均取为 240 HB。计算步骤如下：

计算项目	计算内容	计算结果
齿面接触疲劳强度计算		
1. 初步计算		
转矩 T_1	例题 2-1 已经计算过。	$T_1=103\,950$ N·mm
齿宽系数 ψ_d	由文献[1~8]取 $\psi_d=1.0$	$\psi_d=1.0$
A_d 值	由文献[1~8]，估计 $\beta\approx15°$，取 $A_d=80$	$A_d=80$
接触疲劳极限 σ_{Hlim}	参见文献[1~8]	$\sigma_{Hlim1}=710$ MPa $\sigma_{Hlim2}=580$ MPa
初步计算的许用接触应力 $[\sigma_H]$	$[\sigma_{H1}]\approx0.9\sigma_{Hlim1}=0.9\times710$ $[\sigma_{H2}]\approx0.9\sigma_{Hlim2}=0.9\times580$	$[\sigma_{H1}]=639$ MPa $[\sigma_{H2}]=522$ MPa
初步计算的小齿轮直径 d_1	$d_1\geqslant A_d\sqrt[3]{\dfrac{T_1}{\psi_d[\sigma_H]^2}\cdot\dfrac{u+1}{u}}=80\times\sqrt[3]{\dfrac{103\,950}{1\times522^2}\times\dfrac{3.7+1}{3.7}}=62.8$	取 $d_1=64$ mm
初步齿宽 b	$b=\psi_d d_1=1\times64$	$b=64$ mm
2. 校核计算		
圆周速度 v	$v=\dfrac{\pi d_1 n_1}{60\times1\,000}=\dfrac{\pi\times64\times480}{60\times1\,000}$	$v=1.61$ m/s
精度等级		选 8 级精度
齿数 z、模数 m 和螺旋角 β	初取齿数 $z_1=31$，则 $z_2=iz_1=3.7\times31=114.7$ $m_t=d_1/z_1=64/31=2.064\,5$，取 $m_n=2$ $\beta=\arccos\dfrac{m_n}{m_t}=\arccos\dfrac{2}{2.064\,5}$	$z_1=31$ $z_2=115$ $m_t=2.064\,5$ $m_n=2$ $\beta=14°21'41''$（和估计值接近）
工况系数 K_A	见文献[1~8]	$K_A=1.5$
动载系数 K_v	见文献[1~8]	$K_v=1.07$
齿间载荷分配系数 $K_{H\alpha}$	见文献[1~8]，先求 $F_t=\dfrac{2T_1}{d_1}=\dfrac{2\times103\,950}{64}=3\,248.4$ N $\dfrac{K_A F_t}{b}=\dfrac{1.5\times3\,248.4}{64}=76.1<100$ N/mm $\alpha_t=\arctan\dfrac{\tan\alpha_n}{\cos\beta}=\arctan\dfrac{\tan20°}{\cos14°21'41''}=20.59°$ $\alpha_t'=\arccos\left(\dfrac{a}{a}\cos\alpha_t\right)=\alpha_t$	

续表

计算项目	计算内容	计算结果
	$\alpha_{at1}=\arccos\dfrac{d_{b1}}{d_{a1}}=\arccos\dfrac{d_1\cos\alpha_t}{d_1+2h_a}=\arccos\dfrac{64\cos20.59°}{64+2\times2}=28.23°$	
	$\alpha_{at2}=\arccos\dfrac{d_{b2}}{d_{a2}}=\arccos\dfrac{d_2\cos\alpha_t}{d_2+2h_a}=\arccos\dfrac{237.4\cos20.59°}{237.4+2\times2}=22.985°$	
	$\varepsilon_\alpha=\dfrac{1}{2\pi}\left[z_1(\tan\alpha_{at1}-\tan\alpha_t')+z_2(\tan\alpha_{at2}-\tan\alpha_t')\right]$ $=\dfrac{1}{2\pi}\left[31\times(\tan28.23°-\tan20.59°)+115\times(\tan22.985°-\tan20.59°)\right]$	$\varepsilon_\alpha=1.68$
	$\varepsilon_\beta=\dfrac{b\sin\beta}{\pi m_n}$	$\varepsilon_\beta=2.53$
	$\varepsilon_\gamma=\varepsilon_\alpha+\varepsilon_\beta=1.68+2.53$	$\varepsilon_\gamma=4.21$
	$\cos\beta_b=\cos\beta\cos\alpha_n/\cos\alpha_t=\cos14°21'41''\cos20°/\cos20.59°=0.97$	
	由此得 $K_{H\alpha}=K_{F\alpha}=\varepsilon_\alpha/\cos^2\beta_b=1.779$	$K_{H\alpha}=1.779$
齿向载荷分配系数 $K_{H\beta}$	见文献[1~8] $K_{H\beta}=A+B\left[1+0.6\left(\dfrac{b}{d_1}\right)^2\right]\left(\dfrac{b}{d_1}\right)^2+C\cdot10^{-3}b$ $=1.17+0.16\times1.6\times1^2+0.61\times10^{-3}\times64$	$K_{H\beta}=1.465$
载荷系数 K	$K=K_AK_vK_{H\alpha}K_{H\beta}=1.5\times1.07\times1.779\times1.465$	$K=4.184$
弹性系数 Z_E	见文献[1~8]	$Z_E=189.8\sqrt{\text{MPa}}$
节点区域系数 Z_H	见文献[1~8]	$Z_H=2.42$
重合度系数 Z_ε	因 $\varepsilon_\beta>1$,取 $\varepsilon_\beta=1$,故 $Z_\varepsilon=\sqrt{\dfrac{4-\varepsilon_\alpha}{3}(1-\varepsilon_\beta)+\dfrac{\varepsilon_\beta}{\varepsilon_\alpha}}=\sqrt{\dfrac{1}{\varepsilon_\alpha}}=\sqrt{\dfrac{1}{1.68}}$	$Z_\varepsilon=0.77$
螺旋角系数 Z_β	$Z_\beta=\sqrt{\cos\beta}=\sqrt{\cos14°21'41''}$	$Z_\beta=0.98$
接触最小安全系数 S_{Hmin}	见文献[1~8]	$S_{Hmin}=1.05$
总工作时间 t_h	$t_h=5\times300\times16$	$t_h=24\ 000\ \text{h}$
应力循环次数 N_L	见文献[1~8],估计 $10^7<N_L\leqslant10^9$,则指数 $m=8.78$ $N_{L1}=N_{v1}=60\gamma n t_h=60\times1\times480\times24\ 000$ 原估计应力循环次数正确 $N_{L2}=N_{L1}/i=6.9\times10^8/3.7$	$N_{L1}=6.9\times10^8$ $N_{L2}=1.87\times10^8$
接触寿命系数 Z_N	见文献[1~8]	$Z_{N1}=1.05$ $Z_{N2}=1.16$
许用接触应力 $[\sigma_H]$	$[\sigma_{H1}]=\dfrac{\sigma_{Hlim1}Z_{N1}}{S_{Hmin}}=\dfrac{710\times1.05}{1.05}$	$[\sigma_{H1}]=710\ \text{MPa}$
	$[\sigma_{H2}]=\dfrac{\sigma_{Hlim2}Z_{N2}}{S_{Hmin}}=\dfrac{580\times1.16}{1.05}$	$[\sigma_{H2}]=640\ \text{MPa}$

续表

计算项目	计算内容	计算结果
验算	$\sigma_H = Z_E Z_H Z_\varepsilon Z_\beta \sqrt{\dfrac{2KT_1}{bd_1^2} \cdot \dfrac{u+1}{u}}$ $= 189.8 \times 2.42 \times 0.77 \times 0.98 \times \sqrt{\dfrac{2 \times 4.184 \times 103\,950}{64 \times 64^2} \times \dfrac{3.7+1}{3.7}}$ 计算结果表明,接触疲劳强度不够,亦即齿轮尺寸偏小,适当增大尺寸再进行验算	$\sigma_H = 715$ MPa $> [\sigma_{H2}]$
尺寸调整	取 $d_1 = 69$ mm $\quad\quad b = 69$ mm 按以上校核计算相同的步骤,再次求得各参数如下: $v = 1.734$ m/s $z_1 = 27, z_2 = 100$ $m_t = 2.555\,6$ mm, $m_n = 2.5$ mm $\beta = 11°58'8''$ $K_A = 1.5$ $K_v = 1.07$ $\varepsilon_\alpha = 1.686$ $\varepsilon_\beta = 1.822$ $\varepsilon_\gamma = 3.508$ $\cos\beta_b = 0.981$ $K_{H\alpha} = K_{F\alpha} = 1.753$ $K_{H\beta} = 1.468$ $K = 4.129$ $Z_H = 2.43$ $Z_\varepsilon = 0.77$ $Z_\beta = 0.989$ Z_E 和 $[\sigma_H]$ 未变 $\sigma_H = 189.8 \times 2.43 \times 0.77 \times 0.989 \times \sqrt{\dfrac{2 \times 4.129 \times 103\,950}{69 \times 69^2} \times \dfrac{3.7+1}{3.7}}$	$d_1 = 69$ mm $b = 69$ mm $v = 1.734$ m/s $z_1 = 27, z_2 = 100$ $m_n = 2.5$ mm $\beta = 11°58'8'' = 11.97°$ $K_A = 1.5$ $K_v = 1.07$ $\varepsilon_\alpha = 1.686$ $\varepsilon_\beta = 1.822$ $\varepsilon_\gamma = 3.508$ $K_{H\alpha} = K_{F\alpha} = 1.753$ $K_{H\beta} = 1.468$ $K = 4.129$ $Z_H = 2.43$ $Z_\varepsilon = 0.77$ $Z_\beta = 0.989$ $Z_E = 189.8 \sqrt{\text{MPa}}$ $[\sigma_{H1}] = 710$ MPa $[\sigma_{H2}] = 640$ MPa $\sigma_H = 639$ MPa $< [\sigma_{H2}]$
3. 确定传动主要尺寸		
中心距 a	$a = \dfrac{d_1(i+1)}{2} = \dfrac{69 \times (3.7+1)}{2} = 162$ mm	$a = 162$ mm
实际分度圆直径 d	因模数取标准值,齿数已重新确定,但并未圆整,故分度圆直径不会改变,即 $d_1 = \dfrac{2a}{i+1} = \dfrac{2 \times 162}{3.7+1} = 69$ mm $d_2 = id_1 = 3.7 \times 69 = 255$ mm	$d_1 = 69$ mm $d_2 = 255$ mm

计算项目	计算内容	计算结果
齿宽 b	$b=\psi_d d_1=1\times69=69$ mm	取 $b_1=75$ mm $b_2=69$ mm
齿根弯曲疲劳强度验算		
齿形系数 Y_{Fa}	$z_{v1}=\dfrac{z_1}{\cos^3\beta}=\dfrac{27}{\cos^3 11°58'8''}=28.84$ $z_{v2}=\dfrac{z_2}{\cos^3\beta}=\dfrac{100}{\cos^3 11°58'8''}=106.82$ 见文献[1~8]	$Y_{Fa1}=2.55$ $Y_{Fa2}=2.18$
应力修正系数 Y_{Sa}	见文献[1~8]	$Y_{Sa1}=1.62$ $Y_{Sa2}=1.82$
重合度系数 Y_ε	ε_{av} 计算方法同 ε_α,但齿数用当量齿数代替 $\varepsilon_{av}=1.801$ $Y_\varepsilon=0.25+\dfrac{0.75}{\varepsilon_{av}}=0.25+\dfrac{0.75}{1.801}=0.666$	$Y_\varepsilon=0.666$
螺旋角系数 Y_β	$Y_{\beta min}=1-0.25\varepsilon_\beta=1-0.25\times1=0.75$ (当 $\varepsilon_\beta\geqslant1$ 时,按 $v_m\approx4$ m/s 计算) $Y_\beta=1-\varepsilon_\beta\dfrac{\beta}{120°}=1-1\times\dfrac{11.97°}{120°}=0.9>Y_{\beta min}$	$Y_\beta=0.9$
齿间载荷分配系数 $K_{F\alpha}$	见文献[1~8] $\dfrac{\varepsilon_\gamma}{\varepsilon_\alpha Y_\varepsilon}=\dfrac{3.508}{1.686\times0.666}=3.122$ 前已求得 $K_{F\alpha}=1.753<\dfrac{\varepsilon_\gamma}{\varepsilon_\alpha Y_\varepsilon}$ 故 $K_{F\alpha}=1.753$	$K_{F\alpha}=1.753$
齿向载荷分配系数 $K_{F\beta}$	$b/h=69/(2.25\times2.5)$ 见文献[1~8]	$K_{F\beta}=1.25$
载荷系数 K	$K=K_A K_v K_{F\alpha} K_{F\beta}=1.5\times1.07\times1.753\times1.25$	$K=3.516$
弯曲疲劳极限 σ_{Flim}	见文献[1~8]	$\sigma_{Flim1}=300$ MPa $\sigma_{Flim2}=250$ MPa
弯曲最小安全系数 S_{Fmin}	见文献[1~8]	$S_{Fmin}=1.25$
应力循环次数 N_L	见文献[1~8],估计 $3\times10^6<N_L\leqslant10^{10}$,则指数 $m=49.91$ $N_{L1}=N_{v1}=60\gamma n_1 t_h=60\times1\times480\times24\,000$ 原估计应力循环次数正确 $N_{L2}=N_{L1}/i=6.9\times10^8/3.7$	$N_{L1}=6.9\times10^8$ $N_{L2}=1.87\times10^8$
弯曲寿命系数 Y_N	见文献[1~8]	$Y_{N1}=0.90$ $Y_{N2}=0.95$
尺寸系数 Y_X	见文献[1~8]	$Y_X=1.0$
许用弯曲应力 $[\sigma_F]$	$[\sigma_{F1}]=\dfrac{\sigma_{Flim1}Y_{N1}Y_X}{S_{Fmin}}=\dfrac{300\times0.9\times1}{1.25}$ $[\sigma_{F2}]=\dfrac{\sigma_{Flim2}Y_{N2}Y_X}{S_{Fmin}}=\dfrac{250\times0.95\times1}{1.25}$	$[\sigma_{F1}]=216$ MPa $[\sigma_{F2}]=180$ MPa
验算	$\sigma_{F1}=\dfrac{2KT_1}{bd_1 m_n}Y_{Fa1}Y_{Sa1}Y_\varepsilon Y_\beta$ $=\dfrac{2\times3.516\times103\,950}{69\times69\times2.5}\times2.55\times1.62\times0.666\times0.9$	$\sigma_{F1}=152.2$ MPa $<[\sigma_{F1}]$

续表

计算项目	计算内容	计算结果
	$$\sigma_{F2}=\sigma_{F1}\frac{Y_{Fa2}Y_{Sa2}}{Y_{Fa1}Y_{Sa1}}=152.2\times\frac{2.18\times1.82}{2.55\times1.62}$$ 传动无严重过载,故不做静强度校核	$\sigma_{F2}=146.2$ MPa $<[\sigma_{F2}]$
F_t、F_r、F_a 计算	(略)	
润滑设计	(略)	
公差组	(略)	
结构设计(略)	参考图 3-2 进行设计	

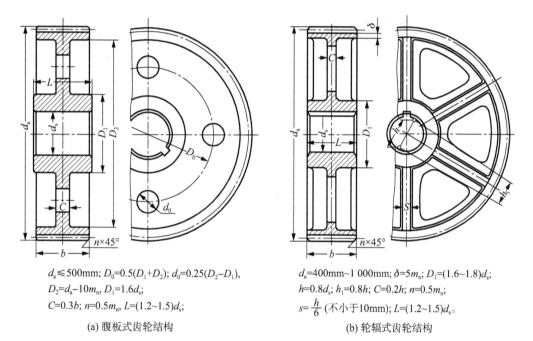

$d_a\leqslant500$mm; $D_0=0.5(D_1+D_2)$; $d_0=0.25(D_2-D_1)$, $D_2=d_a-10m_n$, $D_1=1.6d_s$; $C=0.3b$; $n=0.5m_n$, $L=(1.2\sim1.5)d_s$;

(a) 腹板式齿轮结构

$d_a=400$mm~1 000mm; $\delta=5m_n$; $D_1=(1.6\sim1.8)d_s$; $h=0.8d_s$; $h_1=0.8h$; $C=0.2h$; $n=0.5m_n$; $s=\dfrac{h}{6}$(不小于10mm); $L=(1.2\sim1.5)d_s$。

(b) 轮辐式齿轮结构

图 3-2　齿轮结构形式及尺寸

3.4　联轴器选用

3.4.1　联轴器选用计算步骤

联轴器一般采用标准件,可以从表 12-5～表 12-11 中选择。联轴器的选用可按照如下步骤进行:

(1) 计算驱动功率 P_w;

(2) 计算工作转速 n;

(3) 确定动力机系数 K_w;

(4) 确定工况系数 K;

（5）确定启动系数 K_Z；

（6）确定温度系数 K_t；

（7）计算转矩 T_c；

（8）确定联轴器的类型；

（9）选择轴孔和键槽形式；

（10）确定联轴器的型号。

3.4.2　设计范例

[例题 3-4]　设计条件见例题 2-1。根据例题 2-1 所拟订的传动方案、电机选择、传动比分配的结果进行变速箱联轴器设计。已知 $P_3 = 4.818$ kW，$n_3 = 45.84$ r/min。

解：

计算项目	计算内容	计算结果
联轴器驱动功率、转速	例题 2-1 已经计算	$P_3 = 4.818$ kW $n_3 = 45.84$ r/min
计算转矩	$T_c = 9\ 550 \dfrac{P_w}{n} K_w K K_Z K_t \quad (P_w = P_3,\ n = n_3)$ 动力机系数 $K_w = 1$；工况系数 $K = 2$； 启动系数 $K_Z = 1$；温度系数 $K_t = 1$；各系数参看文献[1~8]	$T_c = 2\ 007.5$ N·m
选择联轴器的型号	根据计算功率、转速和安装轴径，根据第 12 章联轴器的表格选择合适的联轴器	使所选联轴器的公称转矩大于 2 007.5 N·m，公称转速高于 45.84 r/min

3.5　传动轴的初步设计

3.5.1　传动轴设计步骤

轴的设计可以按照如下步骤进行：

（1）根据机械传动方案的整体布局，拟订轴上零件的布置和装配方案；

（2）选择轴的材料；

（3）初步估算轴的直径；

（4）轴的结构设计；

（5）确定轴的加工和装配工艺；

（6）按弯扭合成强度校核轴的强度；

（7）根据校核结果修改设计；

（8）绘制轴的工作图。

3.5.2　设计范例

[例题 3-5]　设计条件见例题 2-1。根据例题 2-1 所拟订的传动方案、电机选择、传动比分配的结果进行减速箱中速级传动轴设计。已知 $P = 5.017$ kW，$n = 129.73$ r/min，$T = 369.32$ N·m。

解：

计算项目	计算内容	计算结果
结构简图	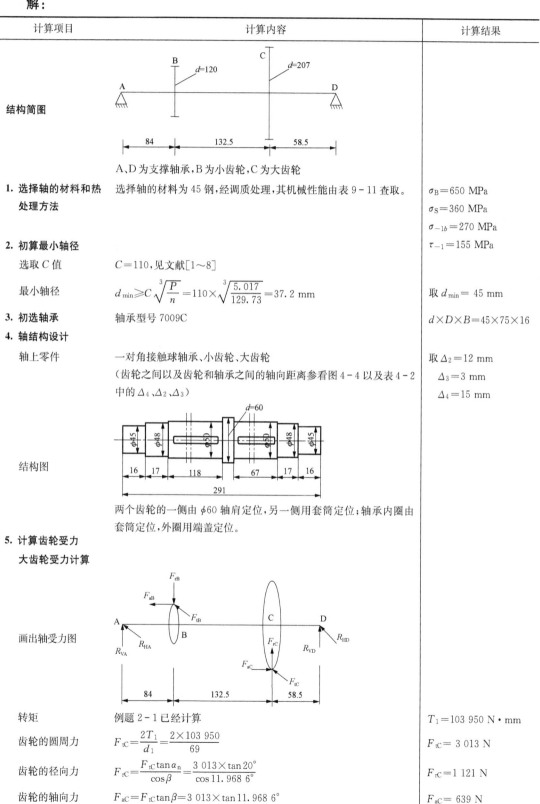　　A、D 为支撑轴承，B 为小齿轮，C 为大齿轮	
1. 选择轴的材料和热处理方法	选择轴的材料为 45 钢，经调质处理，其机械性能由表 9－11 查取。	$\sigma_B=650$ MPa $\sigma_S=360$ MPa $\sigma_{-1b}=270$ MPa $\tau_{-1}=155$ MPa
2. 初算最小轴径		
选取 C 值	$C=110$，见文献[1～8]	
最小轴径	$d_{min}\geqslant C\sqrt[3]{\dfrac{P}{n}}=110\times\sqrt[3]{\dfrac{5.017}{129.73}}=37.2$ mm	取 $d_{min}=45$ mm
3. 初选轴承	轴承型号 7009C	$d\times D\times B=45\times75\times16$
4. 轴结构设计		
轴上零件	一对角接触球轴承、小齿轮、大齿轮 （齿轮之间以及齿轮和轴之间的轴向距离参看图 4－4 以及表 4－2 中的 Δ_4、Δ_2、Δ_3）	取 $\Delta_2=12$ mm $\Delta_3=3$ mm $\Delta_4=15$ mm
结构图	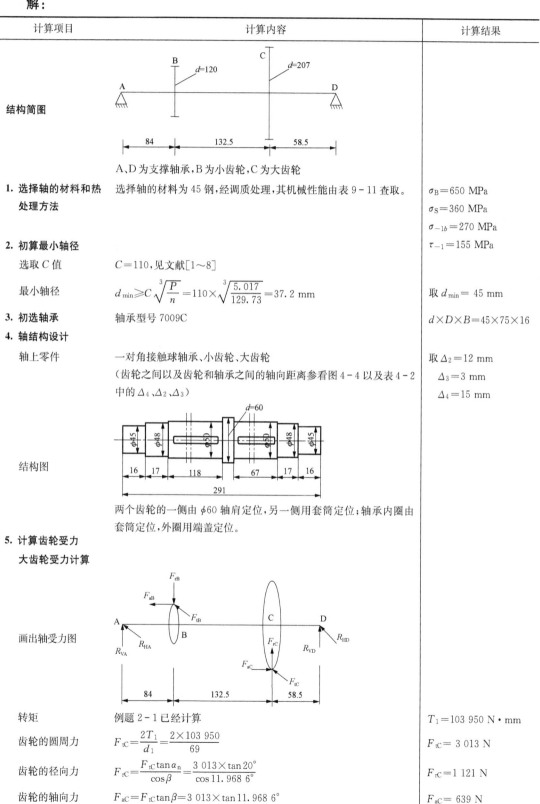　　两个齿轮的一侧由 $\phi60$ 轴肩定位，另一侧用套筒定位；轴承内圈由套筒定位，外圈用端盖定位。	
5. 计算齿轮受力 **大齿轮受力计算**		
画出轴受力图		
转矩	例题 2－1 已经计算	$T_1=103\,950$ N·mm
齿轮的圆周力	$F_{tC}=\dfrac{2T_1}{d_1}=\dfrac{2\times103\,950}{69}$	$F_{tC}=3\,013$ N
齿轮的径向力	$F_{rC}=\dfrac{F_{tC}\tan\alpha_n}{\cos\beta}=\dfrac{3\,013\times\tan20°}{\cos11.968\,6°}$	$F_{rC}=1\,121$ N
齿轮的轴向力	$F_{aC}=F_{tC}\tan\beta=3\,013\times\tan11.968\,6°$	$F_{aC}=639$ N

计算项目	计算内容	计算结果
小齿轮受力计算	（第二级主动轮）	
转矩	例题 2-1 已经计算	$T_2 = 369\ 320\ \text{N·mm}$
齿轮的圆周力	$F_{tB} = \dfrac{2T_2}{d_1} = \dfrac{2 \times 369\ 320}{120}$	$F_{tB} = 6\ 155\ \text{N}$
齿轮的径向力	$F_{rB} = \dfrac{F_{tB}\tan\alpha_n}{\cos\beta} = \dfrac{6\ 155 \times \tan 20°}{\cos 14.835°}$	$F_{rB} = 2\ 317\ \text{N}$
齿轮的轴向力	$F_{aB} = F_{tB}\tan\beta = 6\ 155 \times \tan 14.835°$	$F_{aB} = 1\ 630\ \text{N}$

6. 计算轴上的支反力

水平面内 支反力	$\sum F_H = 0:\ R_{HA} + F_{tB} + F_{tC} + R_{HD} = 0$ $\sum M_A = 0:\ F_{tB} \times 84 + F_{tC} \times 216.5 + R_{HD} \times 275 = 0$	$R_{HA} = -4\ 916\ \text{N}$ $R_{HD} = -4\ 252\ \text{N}$
垂直面内 支反力	$\sum F_V = 0:\ R_{VA} + F_{rB} - F_{rC} + R_{VD} = 0$ $\sum M_A = 0:\ F_{rB} \times 84 - F_{rC} \times 216.5 + R_{VD} \times 275$ $\quad - F_{aB} \times 60 - F_{aC} \times 103.5 = 0$	$R_{VA} = 1\ 967\ \text{N}$ $R_{VD} = -771\ \text{N}$
垂直面受力图		
水平面受力图		

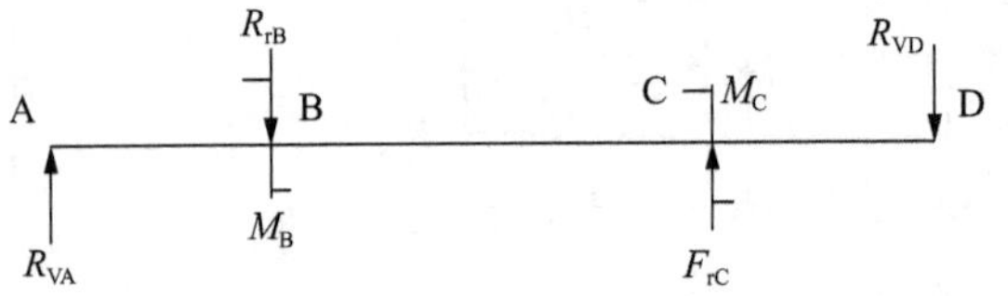

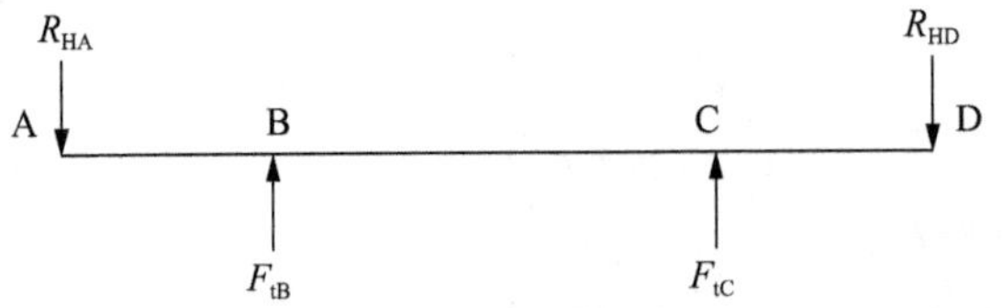

7. 画出轴的弯矩图

垂直弯矩图		

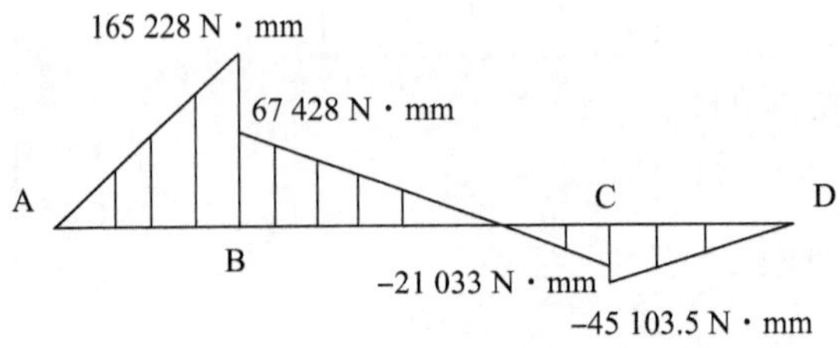

续表

计算项目	计算内容	计算结果
水平弯矩图		
	合成弯矩计算 $M=\sqrt{M_H^2+M_V^2}$	
合成弯矩图		
许用应力		
许用应力值	选择轴的材料为 45 钢,经调质处理,查表得, $[\sigma_{-1}]_b=60$ MPa,$[\sigma_0]_b=102.5$ MPa	
应力校正系数	$\alpha=\dfrac{[\sigma_{-1}]_b}{[\sigma_0]_b}$	取 0.6
8. 画转矩图		
轴受转矩	$T=T_2$	369 320 N·mm
当量转矩(按脉动循环)	$\alpha T=0.6\times369\ 320$	221 592 N·mm
当量弯矩	$M_{ca}=\sqrt{M^2+(\alpha T)^2}$	
转矩图		
画当量转矩图		
危险截面 (齿轮 B 中间截面)	齿轮中间 B 处当量弯矩为 $M_{ca}^B=\sqrt{M^2+(\alpha T)^2}=\sqrt{418\ 413^2+221\ 592^2}$	473 468 N·mm
抗弯截面系数计算	B 处抗弯截面系数查文献[1]附表 12-8 计算,($d=50$ mm),$W_B=$ $\dfrac{\pi\times50^3}{16}=24\ 544$	24 544 mm³
	$\sigma_b^B=\dfrac{M_{ca}^B}{W_B}=\dfrac{473\ 468}{24\ 544}=19.3$	19.3 MPa

3.6　滚动轴承寿命计算

3.6.1　滚动轴承寿命计算步骤

滚动轴承为标准件,但设计时应进行寿命计算,滚动轴承寿命计算的一般步骤如下:

(1) 根据轴的转速、轴上零件的布置和受力状态,选择轴承类型;

(2) 确定滚动轴承的主要性能参数;

(3) 计算轴承受力和派生力;

(4) 计算当量动载荷;

(5) 验算轴承寿命。

3.6.2　设计范例

[例题 3-6]　设计条件见例题 2-1,校核变速箱中速级传动轴上安装的轴承寿命(预期寿命为 18 000 h)。

解:

计算项目	计算内容	计算结果
结构简图	 A、D 为滚动轴承	
选择轴承型号和安装方式	根据例题 3-5 可知,选取的轴承为 7009C(角接触球轴承);为了增加轴的刚度,这一对角接触球轴承采用正装(即面对面安装)。	$C_r = 25\ 800$ N $C_{0r} = 20\ 500$ N
轴承所受径向力	$F_{rA} = \sqrt{R_{HA}^2 + R_{VA}^2} = \sqrt{(-4\ 916)^2 + (-1\ 967)^2}$	$F_{rA} = 5\ 295$ N
	$F_{rD} = \sqrt{R_{HD}^2 + R_{VD}^2} = \sqrt{(-4\ 252)^2 + (771)^2}$	$F_{rD} = 4\ 321$ N
轴所传递的轴向力	$F_{ae} = F_{aB} - F_{aC} = 1\ 630 - 639$,方向指向 A	$F_{ae} = 991$ N
计算轴向相对载荷	$\dfrac{f_0 F_{ae}}{C_{0r}} = \dfrac{14.7 \times 991}{20\ 500} = 0.710\ 6$	
韦布尔指数 e	插值	$e = 0.43$
计算派生力	$F_{sA} = e F_{rA} = 0.43 \times 5\ 295$	$F_{sA} = 2\ 277$ N
	$F_{sD} = e F_{rD} = 0.43 \times 4\ 321$	$F_{sD} = 1\ 858$ N
	$F_{sD} + F_{ae} > F_{sA}$,轴承 A 被压紧	
计算轴向载荷	$F_{aA} = F_{sD} + F_{ae} = 1\ 858 + 991$	$F_{aA} = 2\ 849$ N
	$F_{aD} = F_{sD} = 1\ 858$	$F_{aD} = 1\ 858$ N
确定因数 X、Y	$\dfrac{F_{aA}}{F_{rA}} = \dfrac{2\ 849}{5\ 295} = 0.54 > e$	$X_A = 0.44$,$Y_A = 1.3$
	$\dfrac{F_{aD}}{F_{rD}} = \dfrac{1\ 858}{4\ 321} = 0.43 = e$	$X_D = 1$,$Y_D = 0$
计算当量动载荷	$P_A = X_A F_{rA} + Y_A F_{aA} = 0.44 \times 5\ 295 + 1.3 \times 2\ 849$	$P_A = 6\ 034$ N
	$P_D = X_D F_{rD} + Y_D F_{aD} = 1 \times 4\ 321 + 0 \times 1\ 858$	$P_D = 4\ 321$ N
	$P_A > P_D$,以轴承 A 进行计算	$L_h = 2\ 975$ h
验算寿命	查表得 $f_P = 1.5$,$f_t = 1$ $L_h = \dfrac{10^6}{60n}\left(\dfrac{f_t C_r}{f_P P}\right)^\varepsilon = \dfrac{10^6}{60 \times 129.73} \times \left(\dfrac{1 \times 25\ 800}{1.5 \times 6\ 034}\right)^3$	小于 18 000 h 不满足要求

续表

计算项目	计算内容	计算结果
重新选择轴承	选取新的轴承型号：7309C	$C_r=49\ 200$ N $C_{0r}=39\ 800$ N
计算轴向相对载荷	$\dfrac{f_0 F_{ae}}{C_{0r}}=\dfrac{14.7\times991}{39\ 800}=0.366$	
韦布尔指数 e	插值	$e=0.4$
计算派生力	$F_{sA}=eF_{rA}=0.40\times5\ 295$ $F_{sD}=eF_{rD}=0.40\times4\ 321$	$F_{sA}=2\ 118$ N $F_{sD}=1\ 728$ N
计算轴向载荷	$F_{sD}+F_{ae}>F_{sA}$，轴承 A 被压紧 $F_{aA}=F_{sD}+F_{ae}=1\ 728+991$ $F_{aD}=F_{sD}=1\ 728$	$F_{aA}=2\ 719$ N $F_{aD}=1\ 728$ N
确定因数 X、Y	$\dfrac{F_{aA}}{F_{rA}}=\dfrac{2\ 719}{5\ 295}=0.51>e$ $\dfrac{F_{aD}}{F_{rD}}=\dfrac{1\ 728}{4\ 321}=0.4=e$	$X_A=0.44,\ Y_A=1.4$ $X_D=1,\ Y_D=0$
计算当量动载荷	$P_A=X_A F_{rA}+Y_A F_{aA}=0.44\times5\ 295+1.4\times2\ 719$ $P_D=X_D F_{rD}+Y_D F_{aD}=1\times4\ 321+0\times1\ 728$	$P_A=6\ 136$ N $P_D=4\ 321$ N
验算寿命	$P_A>P_D$，以轴承 A 进行计算 查表得 $f_P=1.5,\ f_t=1$ $L_h=\dfrac{10^6}{60n}\left(\dfrac{f_t C_r}{f_P P}\right)^{\varepsilon}=\dfrac{10^6}{60\times129.73}\times\left(\dfrac{1\times49\ 200}{1.5\times6\ 136}\right)^3$	$L_h=19\ 623$ h$>18\ 000$ h 满足要求

第4章 变速箱装配图设计及绘制

4.1 准备工作

变速箱装配图的设计及图纸的绘制是课程设计教学环节中最为关键的部分。在进行变速箱装配图的设计时，可以使用传统的绘图方法，让学生通过自己用铅笔在绘图纸上进行设计，使其能对线条、比例、尺寸、布局等有一个直观的感知过程；也可以采用计算机绘图。为此，在进行具体的设计前，应进行以下准备工作：

（1）参观并亲手拆装变速箱实物，观看变速箱工作的有关录像，阅读变速箱装配图，了解各零部件的功能、结构和相互连接的关系，初步对所设计的变速箱有一个感性认识。

（2）如果手工绘图，准备设计课桌、1号图板、丁字尺、三角板、圆规、橡皮擦、胶带纸等，将图板、课桌、三角板、丁字尺、圆规等所有使用的工具擦拭干净，并且在具体的绘图过程中要保持工具的卫生。每天结束工作时，应该用一张报纸或其他纸张，将图纸覆盖起来，以防落灰污染图面。

（3）购买一张1号图纸，利用丁字尺和三角板定位，用胶带纸将图纸固定在设计图板上。画草图用的铅笔建议采用1H或2H型，将使用的铅笔削成能够画细实线的粗细程度。

（4）如果使用计算机绘图，应安装好 AutoCAD 软件，设置比例、图层，定义好线型，选定图样模板。

（5）确定绘图比例和安排图面布局。要确定绘图比例和图面布局，首先必须要预估装配图的总体尺寸。对于如图 4-1 所示的展开式变速箱结构，其实通过第3章的内容设计已经知

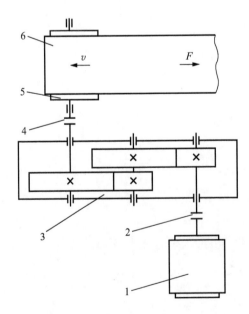

图 4-1 带式输送机上的变速箱

1—电动机；2—联轴器；3—两级圆柱齿轮变速箱；4—联轴器；5—滚筒；6—输送带

道其中每个齿轮的分度圆直径、齿轮的齿顶圆直径、齿轮的宽度,轴的初步设计也已经完成,这样就可以大致确定出变速箱的宽度范围。变速箱的高度可以根据大齿轮的尺寸、润滑油液面深度等参数估算,也可以大致确定。这时就可以进行变速箱的草图布局设计了,进行图面布局时首先要将标题栏部分预留出来,主视图、俯视图和左视图应基本保持间距相等,每个视图离开图边框的距离最好与三个图之间的间距也相近,这样可为后续尺寸的标注预留空间。

4.2　变速箱装配草图初步绘制

(1)变速箱的结构特点。变速箱的类型很多,但实际中最常使用的是齿轮变速箱。齿轮变速箱基本上由三大部分构成:一是由传动齿轮、轴及轴承构成的传动系统,二是箱体,三是变速箱的附件。

(2)变速箱的箱体结构。箱体是变速箱的主要组成部分,它是支撑传动零部件的基座,应具有足够的强度和刚度。变速箱箱体按照结构形式分为剖分式和整体式;按照加工制造方法分为铸造箱体和焊接箱体。一般情况下,变速箱多采用剖分式结构。如图 4-2 所示即为

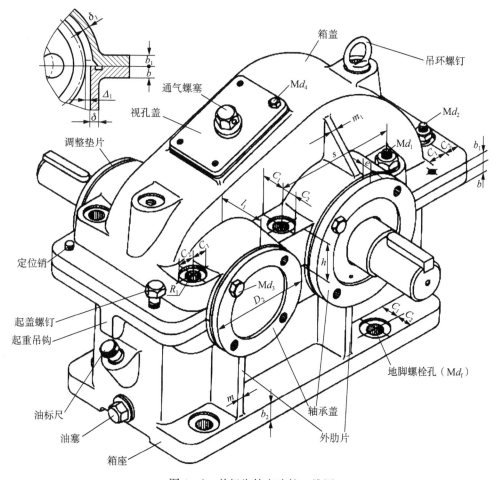

图 4-2　单级齿轮变速箱三维图

剖分式箱体结构,可以看出剖分式箱体由箱座与箱盖两部分构成,通过螺栓进行连接,构成一个整体。变速箱的箱体一般用灰铸铁铸造,为了便于轴系部件的安装和拆卸,箱体制成沿轴心线水平剖分。上下结合面需要有一定的宽度,轴承座旁的凸台应具有足够的承托面,以便放置连接螺栓,并保证旋紧螺栓时需要的扳手空间。为了保证箱体有足够的刚度,在轴承座附近加支承肋。为了使箱体放置在地面上平稳,箱体底座一般不采用完整的平面。

(3) 主要尺寸的确定。对于如图 4-2 所示的变速箱,其主要尺寸可以通过表 4-1 中的计算方法获得。

表 4-1 变速箱结构参数(对应图 4-2)

名 称	符号	尺寸关系		
		齿轮减速器	圆锥齿轮减速器	蜗杆减速器
箱座壁厚	δ	$\delta=0.025a+\Delta\geqslant8$		$0.04a+3\geqslant8$
箱盖壁厚	δ_1	$\delta_1=0.02a+\Delta\geqslant8$ 式中:$\Delta=1$(单级),$\Delta=3$(双级[①]); a 为低速级中心矩,对于圆锥齿轮减速器, $a^{②}=\dfrac{d_{m1}+d_{m2}}{2}$		上置式: $\delta_1=\delta$ 下置式: $\delta_1=0.85\delta\geqslant8$
箱体凸缘厚度	b、b_1、b_2	箱座 $b=1.5\delta$;箱盖 $b_1=1.5\delta_1$;箱底座 $b_2=2.5\delta$		
加强肋厚	m、m_1	箱座 $m=0.85\delta$;箱盖 $m_1=0.85\delta_1$		
地脚螺钉直径	d_f	$0.036a+12$	$0.018(d_{m1}+d_{m2})+1\geqslant12$	$0.036a+12$
地脚螺钉数目	n	$a\leqslant100,n=4$ $a>100\sim500,n=6$ $a>500,n=8$	$n=\dfrac{箱底座凸缘周长之半}{200\sim300}\geqslant4$	
轴承旁连接螺栓直径	d_1	$0.75d_f$		
箱盖、箱座连接螺栓直径	d_2	$(0.5\sim0.6)d_f$;螺栓间距 $L\leqslant150\sim200$		
轴承盖螺钉直径和数目	d_3、n	见表 4-7		
轴承盖(轴承座端面)外径	D_2	见表 4-7、表 4-8;$s\approx D_2$,s 为轴承两侧连接螺栓间的距离		
观察孔盖螺钉直径	d_4	$(0.3\sim0.4)d_f$		
d_f、d_1、d_2 至箱外壁距离; d_f、d_2 至凸缘边缘的距离	C_1、C_2	螺栓直径 M8 M10 M12 M16 M20 M24 M27 M30 C_{1min} 15 18 22 26 30 36 40 42 C_{2min} 13 14 18 21 26 30 34 36		
轴承旁凸台高度和半径	h、R_1	h 由结构确定;$R_1=C_2$		
箱体外壁至轴承座端面距离	l_1	$C_1+C_2+(5\sim10)$		

注:①对圆锥-圆柱齿轮减速器,按双级考虑;a 按低速级圆柱齿轮传动中心距取值。
②d_{m1}、d_{m2} 为两圆锥齿轮的平均直径。

(4) 装配图草图绘制。在确定了装配图的绘图比例和布局之后可以开始画装配图草图了,首先画出对称基准线,然后,从基准线开始向外展开,一面设计一面绘图。要在绘图的过程中不断确定尺寸,首先要仔细阅读变速箱的三维图,如图 4-2 所示为一单级齿轮变速箱立体图,图 4-3、图 4-4 给出了单级和双级齿轮变速箱的装配草图的绘制过程。图中的参数可以结合表 4-2 确定。

表 4-2　变速箱有关尺寸
　　　　　　　　　　　　　　　　　　　　　　　　　　　　　　mm

代号	名　称	荐用值	代号	名　称	荐用值
Δ_1	齿轮齿顶圆至箱体内壁的距离	$\geq 1.2\delta$，δ 为箱座壁厚	Δ_7	箱底至箱底内壁的距离	≈ 20
Δ_2	齿轮端面至箱体内壁的距离	$>\delta$（一般取≥ 10）	H	减速器中心高	$\geq R_a + \Delta_6 + \Delta_7$
Δ_3	轴承端面至箱体内壁的距离： 　　轴承用脂润滑时 　　轴承用油润滑时	$\Delta_3 = 10 \sim 12$ $\Delta_3 = 3 \sim 5$	L_1	箱体内壁至轴承座端面的距离	$=\delta + C_1 + C_2 + (5 \sim 10)$， C_1、C_2 见表 4-1
Δ_4	旋转零件间的轴向距离	$\Delta_4 = 10 \sim 15$	e	轴承端盖凸缘厚度	见表 4-4
Δ_5	齿轮齿顶圆至轴表面的距离	≥ 10	L_2	箱体内壁轴向距离	
Δ_6	大齿轮齿顶圆至箱底内壁的距离	$\geq 30 \sim 50$	L_3	箱体轴承座孔端面间的距离	

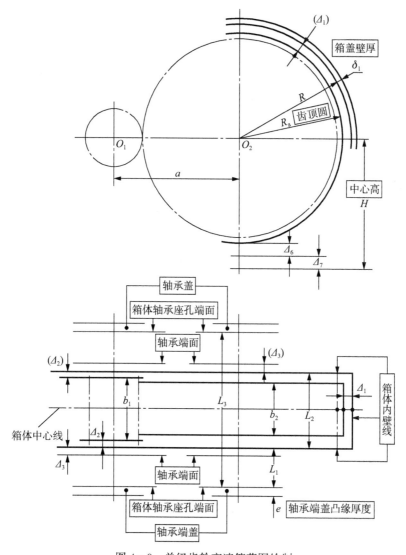

图 4-3　单级齿轮变速箱草图绘制

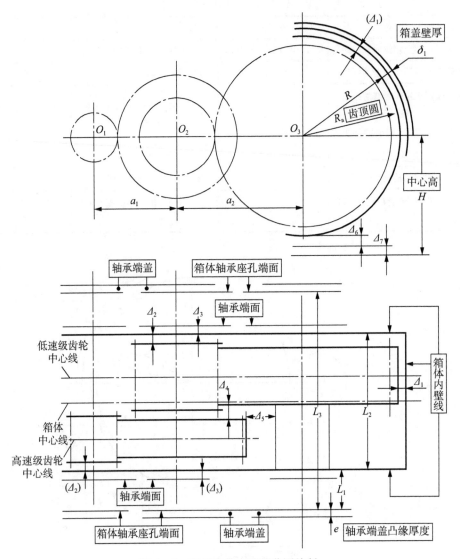

图 4-4 双级齿轮变速箱草图绘制

4.3 轴系部件的结构设计

装配图绘制的关键是将两个轴系绘制完成。在前一章中已经介绍了如何初步确定轴的各段直径,在俯视图轴系的绘制过程中,通过一步步的设计过程,逐渐将每一段轴的最终直径和长度确定下来。

1. 初算轴的直径

各轴直径的初步确定可以按照扭转强度估算,轴的扭转强度约束条件为:

$$\tau_T = \frac{T}{W_T} = \frac{9\,550 \times 10^3 P/n}{W_T} \leqslant [\tau_T] \tag{4-1}$$

式中 τ_T——轴危险截面的最大扭剪应力,MPa;

$\quad$ T——轴所传递的转矩,N·mm;

$\quad$ W_T——轴危险截面的抗扭截面模量,mm³;

$\quad$ P——轴所传递的功率,kW;

$\quad$ n——轴的转速,r/min;

$\quad$ $[\tau_T]$——轴的许用扭剪应力,MPa,见表 4-3。

对实心圆轴,$W_T=\pi d^3/16\approx d^3/5$,以此代入式(4-1),可得扭转强度条件的设计式:

$$d\geqslant\sqrt[3]{\frac{5}{[\tau_T]}\left(9\,550\times10^3\,\frac{P}{n}\right)}=C\sqrt[3]{\frac{P}{n}} \tag{4-2}$$

式中 C——由轴的材料和受载情况决定的系数,其值可查表 4-3。

当弯矩相对转矩很小时,C 值取较小值,$[\tau_T]$ 取较大值;反之,C 取较大值,$[\tau_T]$ 取较小值。

应用式(4-2)求出的 d 值,一般作为轴受转矩作用段最细处的直径,一般是轴端直径。若计算的轴段有键槽,则会削弱轴的强度,作为补偿,此时应将计算所得的直径适当增大,若该轴段同一剖面上有一个键槽,则将 d 增大 5%;若有两个键槽,则增大 10%。

此外,也可采用经验公式来估算轴的直径。如在一般减速器中,高速输入轴的直径可按与之相连的电机轴的直径 D 估算:$d=(0.8\sim1.2)D$;各级低速轴的轴径可按同级齿轮中心距 a 估算,$d=(0.3\sim0.4)a$。

表 4-3 轴的常用材料的许用扭转剪切力 $[\tau_T]$ 和 C 值

轴的材料	Q235	1Cr18Ni9Ti	35	45	40Cr, 35SiMn, 2Cr13, 20CrMnTi
$[\tau_T]$/MPa	12~20	12~25	20~30	30~40	40~52
C	160~135	148~125	135~118	118~107	107~98

2. 轴的结构设计

在轴的最小直径计算出来后,即可进行轴的结构设计。为满足轴上零件的定位、紧固要求和便于轴的加工和轴上零件的装拆,通常将轴设计成阶梯形,而轴的设计的任务就是要合理地确定阶梯轴的形状和全部结构尺寸,这一目标是通过绘制装配图过程逐步实现的。

如图 4-5 所示即为变速箱其中一根轴的结构设计图。其实一个变速箱的俯视图主要就是由两个轴系结构所构成的。图 4-5 的绘制是在图 4-3 或图 4-4 的基础上完成的,在绘制

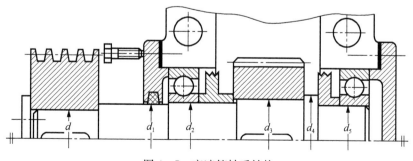

图 4-5 变速箱轴系结构

过程中应注意以下事项。

（1）轴的直径的协调：轴上装配齿轮、带轮、联轴器等处的直径，应尽可能取标准值（见表 8-3），图 4-5 中的 d_3 和 d 应取标准值。装有密封元件和滚动轴承处的直径则应与密封元件和轴承的内孔孔径尺寸一致，并满足要求的配合关系（如图 4-5 中的 d_1、d_2、d_5）。轴上两个支承点的轴承应尽量采用同样的型号，便于轴承座孔的加工以及安装调整。

（2）轴肩的设计：当相邻的轴段直径不同时即形成轴肩，轴肩往往用于承受轴向力、实现零件的轴向定位，因此应具有一定的高度。一般的轴肩，当配合处轴的直径小于 80 mm 时，轴肩处的直径差可取 6～10 mm。用作滚动轴承内圈定位时，轴肩的直径应按照轴承的安装尺寸要求取值（表 13-2～表 13-6）。如果两个相邻的轴段直径的变化仅仅是为了轴上零件的装拆方便或区分加工面，那么这两个直径的差值可以取得很小，一般 1～5 mm 即可满足要求（图 4-5 中的 d_1-d_2、d_2-d_3 即为此种情形），甚至可以采用相同的公称直径尺寸而取不同的公差数值。

（3）轴肩圆角设计：为了减小应力集中，相邻两段直径有差别的轴形成的轴肩应设置圆角，且圆角的半径不宜过小。起定位作用的轴肩，零件毂孔的倒角或圆角半径应大于轴肩处过渡圆角半径，才能保证定位的可靠，如图 4-6 反映了这种几何关系。一般配合表面处轴肩和零件上孔的圆角、倒角尺寸见表 8-11。安装滚动轴承处轴肩的过渡圆角半径应按照轴承的安装尺寸要求（表 13-2～表 13-6）确定。需要磨削的轴段，常需要设置砂轮越程槽，越程槽的尺寸见表 8-12。车制螺纹的轴段应有退刀槽，螺纹退刀槽尺寸见表 8-13。此外，在设计时应尽量使直径相近的轴段的过渡圆角、越程槽、退刀槽等尺寸一致，这样便于加工。

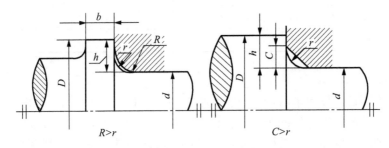

图 4-6　轴肩圆角结构尺寸关系

（4）轴的各段长度设计：变速箱中各段轴的长度设计主要取决于安装在轴上的零件以及支承轴承的结构。对于安装齿轮、带轮、联轴器的轴段，当这些零件依靠其他零件实现固定时（比如：套筒、轴端挡圈、圆螺母等），该轴段的长度由与之相配的轴毂宽度决定，并应略小于相对应的轴毂宽度 1～3 mm，以便保证可靠的轴向固定，如图 4-5 中安装皮带轮和齿轮的轴段即为这种情形。安装滚动轴承的轴段长度由滚动轴承的位置和宽度决定。

（5）轴的外伸段长度设计：由图 4-7 可以看出，轴的外伸段长度取决于外伸段上安装的零件尺寸和轴承盖的结构，应考虑装拆轴承盖所需的空间结构尺寸。当外伸段安装皮带轮、链轮等传动元件时，应考虑轴承端盖的螺钉拆卸空间[图 4-7(a)]；当外伸段装有弹性套柱销联轴器时，应留有装拆弹性套柱销的必要距离[图 4-7(b)]。

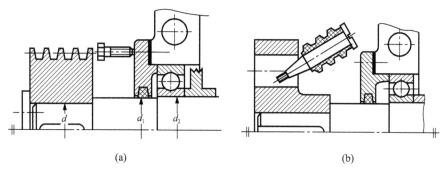

图 4 - 7　外伸段轴结构

(6) 有键槽的轴段设计:轴上的键槽的剖面尺寸根据相应轴段的直径确定。查表 11 - 21 确定键的型号,键的长度应比轴段的长度稍短 5~10 mm。键槽不要太靠近轴肩,以免应力集中过大,一般靠近轮毂装入侧轴段的端部,这样也有利于安装轮毂时对准键槽。当轴上有多个键槽时,各键槽应在轴的同一母线上,这样有利于加工。

3. 轴承的选择与组合设计

滚动轴承的型号选择可以参见表 13 - 2~表 13 - 6 进行,首先要确定轴承的类型,具体可以参考下列基本原则进行选择:

(1) 按载荷的大小、性质考虑:在外廓尺寸相同的条件下,滚子轴承比球轴承承载能力大,适用于载荷较大或有冲击的场合。球轴承适用于载荷较小、振动和冲击较小的场合。

(2) 按载荷方向考虑:当承受纯径向载荷时,通常选用深沟球轴承、圆柱滚子轴承或滚针轴承;当承受纯轴向载荷时,选用推力轴承;当承受较大径向载荷和一定轴向载荷时,可选用深沟球轴承、接触角不大的角接触球轴承或圆锥滚子轴承;当承受较大轴向载荷和一定径向载荷时,可选用接触角较大的角接触球轴承或圆锥滚子轴承,或者将向心轴承和推力轴承进行组合,分别承受径向和轴向载荷。

(3) 按转速考虑:① 球轴承比滚子轴承具有较高的极限转速和旋转精度,高速时应优先选用球轴承。② 为减小离心惯性力,高速时宜选用同一直径系列中外径较小的轴承。当用一个外径较小的轴承,承载能力不能满足要求时,可再装一个相同的轴承,或者考虑采用宽系列的轴承。外径较大的轴承宜用于低速重载场合。③ 推力轴承的极限转速都很低,当工作转速高、轴向载荷不十分大时,可采用角接触球轴承或深沟球轴承替代推力轴承。④ 保持架的材料和结构对轴承转速影响很大。实体保持架比冲压保持架允许更高的转速。

(4) 按调心性能要求考虑:当轴因受力而弯曲或倾斜时,或由于制造安装误差等原因,都会引起轴承内、外圈中心线的角度偏差,这时应采用有调心性能的调心轴承或带座外球面球轴承。圆柱滚子轴承和滚针轴承对轴承的偏斜最为敏感,这类轴承在偏斜状态下的承载能力可能低于球轴承。因此在轴的刚度和轴承座孔的支承刚度较低时,应尽量避免使用这类轴承。

(5) 按轴承的安装和拆卸考虑:在轴承座为非剖分式而必须沿轴向安装和拆卸轴承部件时,应优先选用内外圈可分离的轴承(如 N0000、NA0000、30000 等)。轴承在长轴上安装时,为便于装拆,可选用内圈孔呈锥度的轴承或带紧定衬套的轴承。

(6) 按经济性考虑:球轴承比滚子轴承价格低;派生型轴承(如带止动槽、密封圈或防尘盖的轴承等)比其基本型轴承贵;同型号轴承,精度高一级价格将急剧增加。故在满足使用功能的前提下,应尽量选用低精度、低价格的轴承。

在滚动轴承的类型确定后,建议初选时轴承的型号不要选得过低(尺寸过小),比如:同一类型的滚动轴承,按照承载能力分为特轻系列、轻窄系列、中窄系列、重窄系列、中宽系列等,建议根据载荷大小选择承载能力较为可行的轴承型号,这样就可以降低校核失败和重新选择的可能性。

同一根轴上取同一型号的轴承,选择轴承的型号时要结合相应轴段的直径,在确定了轴承的型号后,该段轴的直径将由轴承的内孔直径决定。

滚动轴承一般都是成对安装,轴的支承结构一般可以分为三种基本形式:两端固定支承、一端固定一端游动、两端游动。它们的具体结构特点以及选用方法参见文献[1~8]。

对于课程设计中谈到的齿轮变速箱来说,其轴的支承跨距较小,较常采用两端固定支承方式。轴承内圈可用轴肩或套筒进行轴向固定,轴承外圈用轴承端盖进行轴向固定。对于角接触球轴承或者圆锥滚子轴承,一对轴承的安装分为正装和反装两种,如图4-8所示即为两种不同的安装形式,正装有利于提高轴承间的轴段刚度,反装则有利于提高外伸端的刚度。

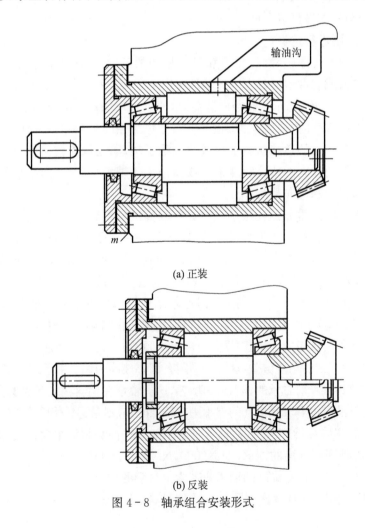

(a) 正装

(b) 反装

图 4-8　轴承组合安装形式

4. 轴承盖结构设计

轴承盖的作用是固定轴承、承受轴向载荷、密封轴承座孔、调整轴系位置和轴承间隙,轴承盖的材料一般是铸铁,常见的轴承盖结构有凸缘式和嵌入式两种类型。

如图 4-9 所示,凸缘式轴承盖用螺钉固定在箱体上,调整轴系位置或轴系间隙时不需要打开箱盖,密封性能较好,在实际中应用较多。在设计过程中,凸缘式轴承盖的结构尺寸可以根据表 4-4 确定。毡圈密封结构根据表 14-8 选定。

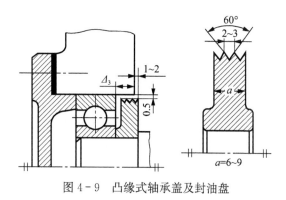

图 4-9　凸缘式轴承盖及封油盘

表 4-4　凸缘式轴承盖结构尺寸　　　　　　　　　　　　　　　　　　　mm

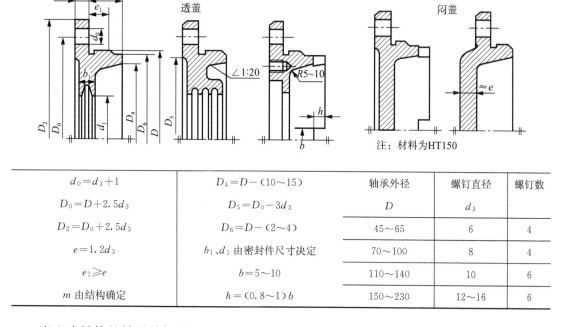

注：材料为HT150

$d_0 = d_3 + 1$	$D_4 = D - (10 \sim 15)$	轴承外径	螺钉直径	螺钉数
$D_0 = D + 2.5 d_3$	$D_5 = D_0 - 3 d_3$	D	d_3	
$D_2 = D_0 + 2.5 d_3$	$D_6 = D - (2 \sim 4)$	45~65	6	4
$e = 1.2 d_3$	b_1、d_1 由密封件尺寸决定	70~100	8	4
$e_1 \geqslant e$	$b = 5 \sim 10$	110~140	10	6
m 由结构确定	$h = (0.8 \sim 1) b$	150~230	12~16	6

嵌入式结构的轴承盖如图 4-10 所示,这种结构的轴承盖不需要用螺钉连接,结构简单,但密封性能稍差。在轴承盖中设置 O 形圈密封能够提高其密封性能,适用于油润滑。采用这种嵌入式轴承盖,利用垫片进行轴向间隙调整时需要开启箱盖。在设计过程中,嵌入式轴承盖的结构尺寸可以根据表 4-5 来确定。

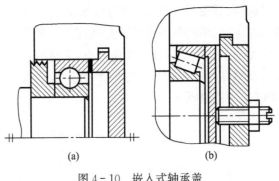

图 4-10　嵌入式轴承盖

表 4-5　嵌入式轴承盖结构尺寸　　　　　　　　　　　　　　　　　　　mm

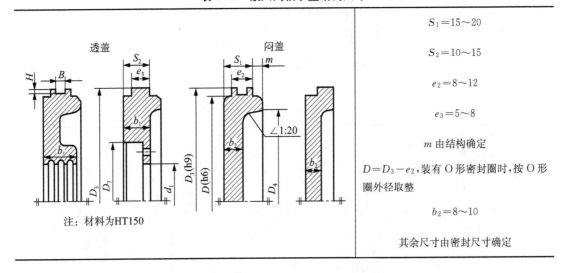

注：材料为 HT150

$S_1 = 15 \sim 20$

$S_2 = 10 \sim 15$

$e_2 = 8 \sim 12$

$e_3 = 5 \sim 8$

m 由结构确定

$D = D_3 - e_2$，装有 O 形密封圈时，按 O 形圈外径取整

$b_2 = 8 \sim 10$

其余尺寸由密封尺寸确定

4.4　变速箱的润滑与密封设计

1. 变速箱的润滑设计

变速箱的润滑主要包括滚动轴承的润滑和传动件的润滑两大部分。润滑不仅可以减小摩擦损失、提高传动效率，还可以防止锈蚀、降低噪声、提高寿命等。对于变速箱设计来说，传动件常用的润滑方式有飞溅润滑、喷油润滑等。在实际设计中选用润滑方式时可以参考表 4-6 和表 4-7。

2. 变速箱滚动轴承的润滑

润滑对于滚动轴承具有重要意义。轴承中的润滑剂不仅可以降低摩擦阻力，还具有散热、减小接触应力、吸收振动、防止锈蚀等作用。滚动轴承常用的润滑方式有油润滑和脂润滑。特殊条件下也可以采用固体润滑剂(如二硫化钼、石墨和聚四氟乙烯等)。润滑方式与轴承速度有关，一般根据轴承的 dn 值(d 为滚动轴承内径，mm；n 为轴承转速，r/min)做出选择。适用于脂润滑和油润滑的 dn 值界限见表 4-6。

对于变速箱所使用的滚动轴承,在确定其润滑方式时还要参考表 4-8,根据传动件的运动特点最终确定滚动轴承的润滑方式。

表 4-6 适用于脂润滑和油润滑的 dn 值界限 $\times 10^4$ mm·(r/min)

轴承类型	润滑脂	油润滑			
		油浴	滴油	循环油(喷油)	油雾
深沟球轴承	16	25	40	60	>60
调心球轴承	16	25	40	—	—
角接触球轴承	16	25	40	60	>60
圆柱滚子轴承	12	25	40	60	>60
圆锥滚子轴承	10	16	23	30	—
调心滚子轴承	8	12	—	25	—
推力球轴承	4	6	12	15	—

表 4-7 变速箱润滑方式的选择

润滑方式	传动形式	浸油深度	示意图	应用特点
浸油润滑	单级圆柱齿轮	当模数 $m<20$ 时,浸油深度 h 约为 1 个齿高,但不小于 10 mm		适用于圆周速度 $v<12$ m/s 的齿轮传动和 $v<10$ m/s 的蜗轮蜗杆传动
	双级或多级圆柱齿轮	高速级大齿轮浸油深度 h_f 约为 0.7 个齿高,但不小于 10 mm;低速级,当 $v=8\sim12$ m/s 时,大齿轮浸油深度 $h_s=1$ 个齿高(不小于 10 mm)~1/6 齿轮半径;当 $v=0.5\sim0.8$ m/s 时,$h_s=(1/6\sim1/3)$ 齿轮半径		
	圆锥齿轮传动	整个大圆锥齿轮齿宽(至少半个齿宽)浸入油中		

续表

润滑方式	传动形式	浸油深度	示意图	应用特点
浸油润滑	蜗杆传动	上置式蜗杆:蜗轮浸油深度 h_2 与低速级圆柱大齿轮的浸油深度 h_s 相同; 下置式蜗杆:蜗杆浸油深度 $h_1 \geqslant 1$ 个螺牙高度,但不高于蜗杆轴承最低滚动体中心线		
喷油润滑	齿轮传动、蜗轮蜗杆传动、锥齿轮传动等	从油泵来的压力油,从喷嘴直接喷射到啮合面上		适用于 $v > 12$ m/s 的齿轮传动和 $v > 10$ m/s 的蜗轮蜗杆传动

表 4-8　变速箱滚动轴承的润滑方式

脂润滑	油润滑		
	飞溅润滑	刮板润滑	浸油润滑
润滑脂直接填入轴承室	利用齿轮溅起的油形成油雾进入轴承室,或将飞溅到箱盖内表面上的油汇聚到输油沟内,再导入轴承进行润滑	利用刮板将润滑油从轮缘端面刮下,经输油沟流入轴承室	使轴承局部浸入润滑油中,但油面不应高于最低滚动体的中心
适用于齿轮速度 $v < 1.5 \sim 2$ m/s 的齿轮传动。可用压注油杯向轴承室加油	适用于齿轮圆周速度 $v \geqslant 1.5 \sim 2$ m/s 的情况。当 v 比较大时($v \geqslant 3$ m/s)时,可以形成油雾;当 v 不够大或油的黏度较大时,应设置导流油沟	适用于不能采用飞溅润滑的情况($v < 1.5 \sim 2$ m/s);同轴式变速箱中间轴承的润滑;蜗轮轴承;上置式蜗杆轴承的润滑	适用于中、低速轴承的润滑,比如下置式蜗杆轴的轴承润滑

图 4-11~图 4-13 分别为滚动轴承脂润滑和油润滑的加油方式示意图。

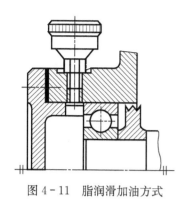

图 4-11　脂润滑加油方式

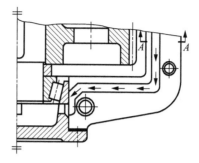
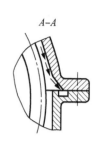

图 4-12　飞溅润滑的加油方式

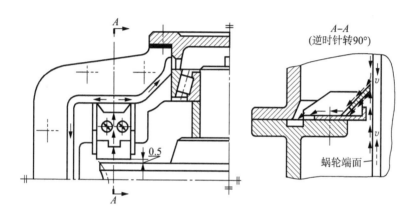

图 4-13　刮板润滑加油方式

3. 变速箱的密封

变速箱的密封主要是关于外伸轴的密封,主要在轴承端盖上。密封装置分为接触式密封和非接触式密封,每一种型式都有许多不同的结构。表 4-9 给出了常见的密封结构及其应用特点。选择具体的型号时可以参见表 14-8～表 14-13 进行选取。

表 4-9　滚动轴承常用密封装置及其特性

接触式密封	非接触式密封		
	迷宫式密封($v<30$ m/s)		立轴综合密封
毡圈密封($v<5$ m/s)	轴向曲路(只用于剖分式)	径向曲路	
结构简单。压紧力不能调节。用于脂润滑	油润滑、脂润滑都有效,缝隙中填脂		为防止立轴漏油,一般要采取两种以上的综合密封形式

续表

接触式密封	非接触式密封		
密封圈密封 ($v<4\sim12$ m/s)	油沟密封($v<5\sim6$ m/s)	挡圈密封	甩油密封
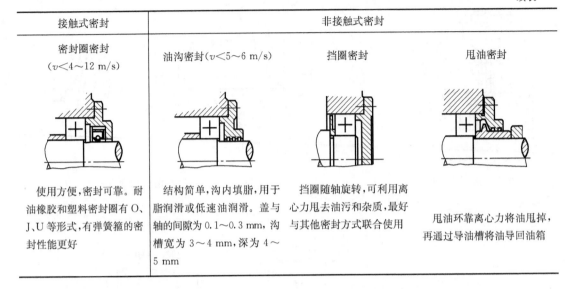			
使用方便,密封可靠。耐油橡胶和塑料密封圈有O、J、U等形式,有弹簧箍的密封性能更好	结构简单,沟内填脂,用于脂润滑或低速油润滑。盖与轴的间隙为 0.1~0.3 mm,沟槽宽为 3~4 mm,深为 4~5 mm	挡圈随轴旋转,可利用离心力甩去油污和杂质,最好与其他密封方式联合使用	甩油环靠离心力将油甩掉,再通过导油槽将油导回油箱

4. 封油盘及挡油盘设计

当滚动轴承用润滑脂润滑时,为了防止轴承中的润滑脂被箱体内齿轮啮合时挤出的热油冲刷、稀释而流失,需要在轴承内侧设置封油盘,具体设计尺寸如图 4-9 所示。当滚动轴承采用油润滑时,如果轴承对应的小齿轮的齿顶圆小于轴承的外径,为了防止齿轮啮合时所挤出的热油大量冲到轴承内部,增加轴承阻力,恶化轴承润滑,常设置挡油盘,具体结构尺寸如图 4-14 所示。

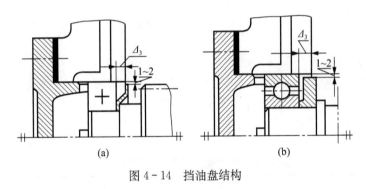

图 4-14 挡油盘结构

4.5 变速器箱体设计

变速器的箱体是变速器中所有零件的安装基础,其作用在于通过滚动轴承支承旋转轴和轴上的零件,并为轴上的传动零件提供一个封闭的工作空间,保证其处于良好的工作状态,防止外界灰尘、异物、水分等的侵入。箱体还兼作油箱,为传动零件提供必要的润滑油。

箱体在工作过程中,受力十分复杂,为了保证具有足够的强度和刚度要求,对箱体的壁厚有单独的要求,并应在轴承座设置加强肋。箱体一般采用铸造加工方法,材料为灰铸铁。当承受较大的振动和冲击载荷时,可采用铸钢或高强度铸铁制造。铸造箱体的刚性较好,外形美观,易于加工,能够有效地吸收振动和降低噪声,但重量较重,适合于成批生产。而对于单件生产或小批量生产的箱体,也可以考虑采用焊接件。

箱体一般作成剖分式结构,取轴的中心线所在平面作为剖分面,箱座和箱盖采用螺栓进行连接,这样便于拆卸和安装。对于大型的齿轮变速箱,为了使其便于制造和安装,也可采用两个剖分面的结构。小型的蜗杆变速器也可以直接采用整体式箱体结构,这样会比较紧凑,易于保证轴承与座孔的配合要求,但装拆和调整不如剖分式箱体方便。

1. 箱体高度的确定

变速器箱体的高度主要取决于传动件尺寸和润滑要求。一般来说,箱体的高度应保证传动件齿顶离箱体油池底面的距离不小于 30～50 mm(参见表 4-7,或表 4-2 中的 Δ_6),这样可以避免传动件转动时将箱底的污泥搅起;还要保证箱体具有足够的容积,容纳足够的润滑油量,以保证润滑和散热。一般而言,单级变速箱,每传递 1 kW 的功率所需要的润滑油量为 350～700 cm³,多级变速箱需要的润滑油量按级数成比例增加。

2. 箱体的结构设计

箱体的结构应保证其具有足够的支承刚度。箱体轴承座的刚度十分关键,不仅应具有足够的厚度,还要考虑设置加强肋。箱体的壁厚、凸缘厚度、底板的厚度等结构参数可以参考表 4-1 进行确定。

箱体的加强肋分为外肋和内肋两种形式,内肋的结构刚度较大,箱体表面光滑、美观,但会增加搅油损耗,制造工艺也较为复杂,一般多采用外肋式结构或者是凸壁式箱体结构,如图 4-15 所示,加强肋的具体尺寸见表 4-1。

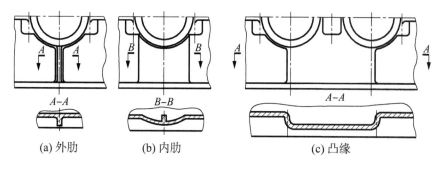

(a) 外肋　　　　　(b) 内肋　　　　　　　(c) 凸缘

图 4-15　加强肋形式

3. 轴承座凸台设计

滚动轴承在工作过程中要求具有一定的刚度,这个刚度主要由轴承座来提供,为此,轴承座两侧要设置凸台,连接螺栓也要尽可能地靠近,凸台的具体设计见图 4-16。轴承座凸台上的连接螺栓之间的间距大约为一个轴承盖的外径,即 $S \approx D_2$。螺栓的间距也不能取得过小,如果取得过小,可能会导致螺栓孔与油沟发生干涉。凸台的高度 h 与螺栓的扳手空间相关,可以在确定凸台螺栓后,根据螺栓对应的 C_1、C_2 数值,用作图法将 h 值确定下来。为了便于制造,应将箱体上各个轴承座的凸台高度设计成相同的数值,这个数值以最大轴承盖直径 D_2 所确定的高度为准。此外,轴承座凸台应具有一定的斜度,这样便于铸造起模,斜度值一般 $\geq 1 : 20$。

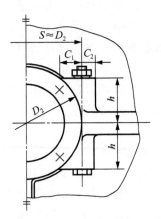

图 4-16 凸台设计方法

4. 箱盖圆弧半径的确定

箱盖上有两个圆弧,一个对应于大齿轮(低速级)、一个对应于小齿轮(高速级),对于大圆弧来说,它的外表面圆弧半径应为 $R = \left(\dfrac{d_{a2}}{2}\right) + \Delta_1 + \delta_1$。对于小齿轮对应的箱盖外表面小圆弧,其半径根据结构来确定,具体设计方法如图 4-17 所示。一般应使该圆弧处于凸台之外,在轴承凸台设计完成后,取 $R > R'$,以轴的中心为原点画出箱盖圆弧。

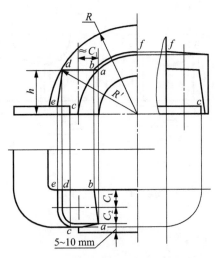

图 4-17 箱盖小圆弧的设计

5. 箱体凸缘的结构设计

为了保证箱盖与箱座的连接刚度,箱盖与箱座连接凸缘应有较大的厚度,如图 4-18 所示,具体尺寸也可以参见表 4-1。轴承座外端面应该向外凸出 5～10 mm,如图 4-17 所示,以便于切削加工。凸缘上的连接螺栓应合理布置,螺栓的间距不宜过大,一般减速器上的凸缘连接螺栓的间距不大于 150～200 mm,尽量均匀对称布置,并注意不要与吊耳、吊钩、定位销发生干涉,大型的变速箱可以考虑再大些。

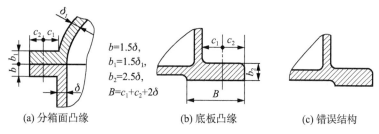

图 4-18 箱体连接凸缘和箱座凸缘

6. 导油沟的结构设计

导油沟分为输油沟和回油沟两种。当轴承利用传动件飞溅起来的润滑油进行润滑时,应在箱座的剖分面上开设输油沟,使飞溅起来的润滑油沿箱盖内表面流入输油沟内,再经轴承盖上的导油槽流入轴承。输油沟有铸造油沟和机加工油沟两种,机加工油沟容易制造,工艺性好,一般用得较多,具体尺寸见图 4-19 所示。

回油沟是为了提高变速箱箱体的密封性而设置的,可在箱座的剖分面上加工出与箱内连通的沟槽,使飞溅在箱盖内表面的润滑油在进入箱体剖分面时沿回油沟流回箱内。回油沟的结构尺寸与输油沟相同,具体结构如图 4-20 所示。

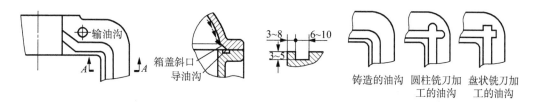

图 4-19 输油沟结构

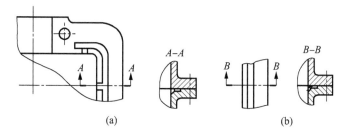

图 4-20 回油沟结构

4.6 变速箱附件设计

变速箱设计除了箱体和内部的传动件设计以外,还有一些附件需要设计,这些附件包括窥视孔和视孔盖、通气器、油面指示器、定位销、起盖螺钉、放油孔及油塞、起吊装置等。

1. 窥视孔和视孔盖

窥视孔用于检查传动零件的啮合情况、润滑状态、接触斑点及齿侧间隙,也可以用于润滑油的注入。窥视孔设置在箱盖顶部能够看到齿轮啮合区的位置(图 4-21),应足够大,并以手能够伸入箱体进行检查操作为宜。窥视孔处应设置凸台以便于加工,视孔盖用螺钉固定在凸台上,并要考虑密封,密封一般为石棉橡胶垫片。视孔盖可用轧制钢板或铸铁制造(图4-22)。视孔盖的结构尺寸如图 4-23 所示。

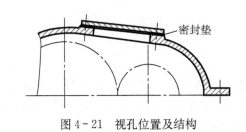

图 4-21 视孔位置及结构

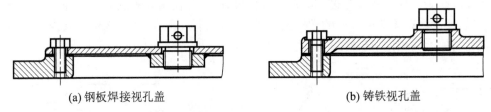

(a) 钢板焊接视孔盖   (b) 铸铁视孔盖

图 4-22 视孔盖结构

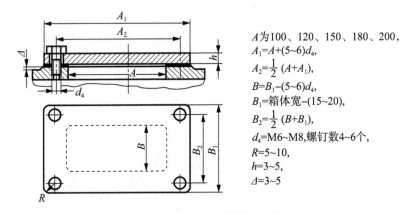

A为100、120、150、180、200,
$A_1=A+(5\sim6)d_4$,
$A_2=\frac{1}{2}(A+A_1)$,
$B=B_1-(5\sim6)d_4$,
$B_1=$箱体宽$-(15\sim20)$,
$B_2=\frac{1}{2}(B+B_1)$,
$d_4=$M6~M8,螺钉数4~6个,
$R=5\sim10$,
$h=3\sim5$,
$\Delta=3\sim5$

图 4-23 视孔盖结构尺寸

2. 通气器

通气器用来通气,使箱体内外气压一致,以避免由于箱体内油温升高导致的内压增大,防止变速箱润滑油的渗漏。通气器设置在视孔盖上。较完整的通气器内部制成一定的回路,并设置有金属过滤网。选择通气器类型时应考虑其对环境的适应性,其规格尺寸应与减速器的大小相匹配。通气器的具体型号和结构尺寸见表 4-10 和表 4-11。

表4-10 通气螺塞(无过滤网) mm

d	M12×1.25	M16×1.5	M20×1.5	M22×1.5	M27×1.5
D	18	22	30	32	38
D_1	16.5	19.6	25.4	25.4	31.2
S	14	17	22	22	27
L	19	23	28	29	34
l	10	12	15	15	18
a	2	2	4	4	4
d_1	4	5	6	7	8

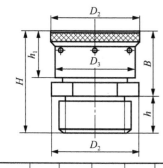

表4-11 通气帽(有过滤网) mm

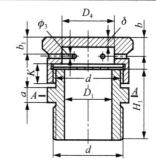 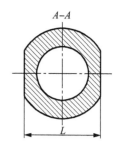

d	D_1	B	H	h	D_2	H_1	a	δ	K	b	h_1	b_1	D_3	D_4	L	孔数
M27×1.5	15	≈30	≈45	15	36	32	6	4	10	8	22	6	32	18	32	6
M36×2	20	≈40	≈60	20	48	42	8	4	12	11	29	8	42	24	41	6
M48×3	30	45	70	25	62	52	10	5	15	13	32	10	56	36	45	8

3. 油面指示器

变速箱在工作过程中,齿轮箱内保持足够的润滑油数量是十分关键的,应定期进行油面位置的检测,为此需要设置油面指示器。油面指示器的类型有圆形油标、长形油标、油标尺等,如图4-24、图4-25所示。

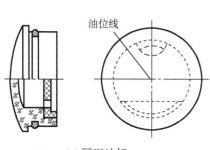

(a) 圆形油标

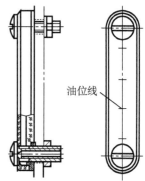

(b) 长形油标

图4-24 圆形与长形油标

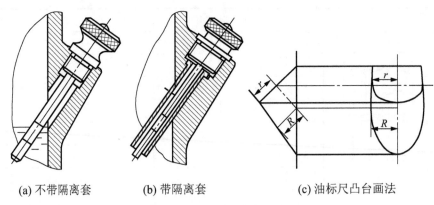

(a) 不带隔离套　　　　(b) 带隔离套　　　　(c) 油标尺凸台画法

图4-25　油标尺结构及画法

油标尺结构简单,应用最为广泛。油标尺上有表示最高及最低油位的刻线,装有隔离套的油标尺可以减小油搅动的影响。油标尺的安装位置不能太低,否则箱体内的润滑油会溢出,油标尺凸台的画法如图4-25(c)所示。油标尺的具体型号及结构见表4-12。

表4-12　油标尺的型号及尺寸　　　　　　　　　　　　　　　　　　　mm

d	M12	M16	M20
d_1	4	4	6
d_2	12	16	20
d_3	6	6	8
h	28	35	42
a	10	12	15
b	6	8	10
c	4	5	6
D	20	26	32
D_1	16	22	26

4. 定位销与起盖螺钉

为了保证变速箱在安装过程中上下箱体能够有效对准,需要在箱体连接凸缘上设置两个定位销。通常采用的是圆锥形的定位销,定位销的距离越远越是可靠,因此,常将定位销设置在箱体连接凸缘的对角处,并尽可能对称布置。一般定位销的直径取为 $d \approx 0.8d_2$(d_2见表4-1),其长度应大于箱盖、箱座凸缘厚度之和。圆锥销的具体型号及尺寸见表11-24和表11-25。

起盖螺钉的作用在于将上下箱体打开。这是由于箱座与箱盖之间通常涂有密封胶或水玻璃,接合面长时间工作后会粘住不易分开,因此,箱盖上常设置1~2个起盖螺钉。起盖螺钉的直径一般等同于凸缘连接螺栓直径,螺纹有效长度要大于凸缘厚度。钉杆的端部要制作成半圆球形。

起盖螺钉与定位销的安装形式如图4-26所示。

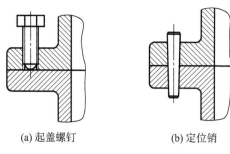

(a) 起盖螺钉   (b) 定位销

图 4 - 26 起盖螺钉与定位销

5. 放油孔与油塞

箱体中的润滑油在使用一定的时间后需要更换,为此需要在箱座上设置放油孔。放油孔一般设置在油池的最低处,以确保润滑油能够流出来。放油孔平时要用油塞堵住,装油塞的位置应设置凸台,并加装封油垫片。放油孔不能高于油池底面。如图 4 - 27 所示的两种结构常见于实际应用,但图 4 - 27(b)的结构工艺性较差,因为要加工一个半边螺孔。表 4 - 13 给出了油塞和封油垫片的型号与尺寸。

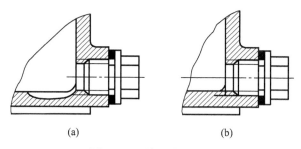

(a)   (b)

图 4 - 27 放油孔和油塞

表 4 - 13 油塞和封油垫片   mm

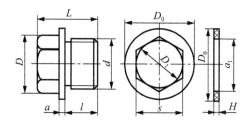

d	D_0	L	l	a	D	s	d_1	H
M14×1.5	22	22	12	3	19.6	17	15	2
M16×1.5	26	23	12	3	19.6	17	17	2
M20×1.5	30	28	15	4	25.4	22	22	2
M24×2	34	31	16	4	25.4	22	26	2.5
M27×2	38	34	18	4	31.2	27	29	2.5

6. 起吊装置

变速箱在安装过程需要搬运、移动,特别是对于大型的变速箱而言,如何起吊和搬运应在设计时加以考虑。为此要设置起吊装置。变速箱上使用的起吊装置有吊环、吊钩和吊耳。装吊环的位置应设置凸台。吊环螺钉为标准件,其公称直径的大小与起吊重量有关。吊环螺钉的型号及尺寸可以参阅表 4 - 14 和表 4 - 15。

表 4 - 14　吊环螺钉尺寸(GB 825—1988)　　　　　　　　　　　　　　mm

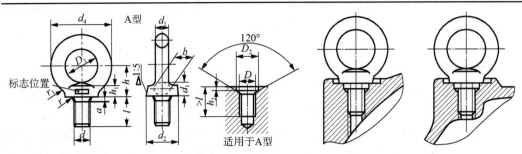

标记示例:

螺纹规格 M20、材料为 20 钢、不经热处理、不经表面处理的 A 型吊环螺钉标记为

螺钉　GB 825　M20

d (D)		M8	M10	M12	M16	M20	M24	M30	M36
d_1(最大)		9.1	11.1	13.1	15.2	17.4	21.4	25.7	30
D_1(公称)		20	24	28	34	40	48	56	67
d_2(最大)		21.1	25.1	29.1	35.2	41.4	49.4	57.7	69
h_1(最大)		7	9	11	13	15.1	19.1	23.2	27.4
h		18	22	26	31	36	44	53	63
d_4(参考)		36	44	52	62	72	88	104	123
r_1		4	4	6	6	8	12	15	18
r(最小)		1	1	1	1	1	2	2	3
l(公称)		16	20	22	28	35	40	45	55
a(最大)		2.5	3	3.5	4	5	6	7	8
b(最大)		10	12	14	16	19	24	28	32
D_2(公称最小)		13	15	17	22	28	32	38	45
h_2(公称最小)		2.5	3	3.5	4.5	5	7	8	9.5
起重重量 /kN	单吊环	1.6	2.5	4	6.3	10	16	25	40
	双吊环	0.8	1.25	2	3.2	5	8	12.5	20

表 4 - 15　变速箱重量估算值(参考值)

一级圆柱齿轮变速箱						二级圆柱齿轮变速箱					
中心距 a /mm	100	160	200	250	315	中心距 a /mm	100×140	140×200	180×250	200×280	250×355
变速箱 重量 W/kN	0.26	1.05	2.1	4	8	变速箱 重量 W/kN	1	2.6	4.8	6.8	12.5

　　此外,箱盖上的吊耳结构如图 4-28 所示,箱座上的吊钩结构如图 4-29 所示。这两种起吊结构一般都是直接与箱体铸造成一体。

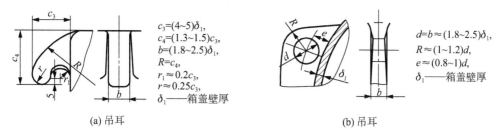

(a) 吊耳　　　　　　　　　　　　　　(b) 吊耳

图 4-28　箱盖吊耳

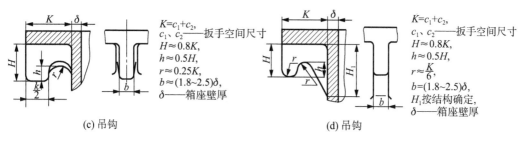

(c) 吊钩　　　　　　　　　　　　　　(d) 吊钩

图 4-29　箱座吊钩

4.7　校核轴的强度

　　在上述设计工作完成后,即可绘制出变速箱的草图,如图 4-30 所示。这时,所有的结构尺寸都已经确定,轴的尺寸及支承点位置已经确定,轴承和键的型号及尺寸已经确定,接下来

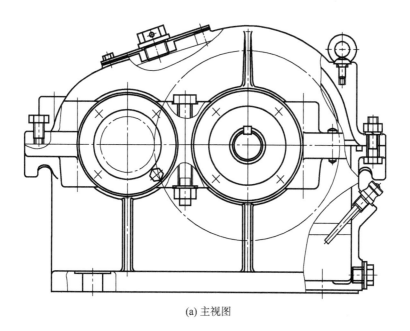

(a) 主视图

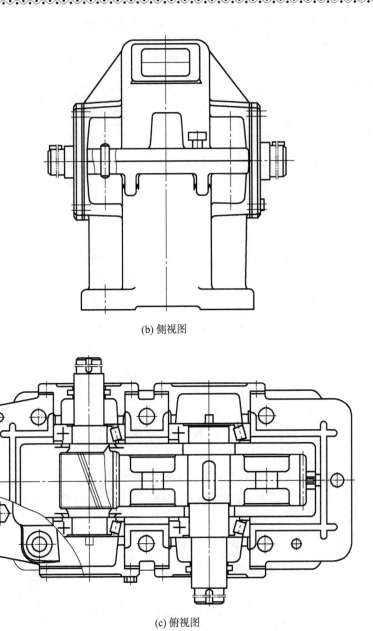

(b) 侧视图

(c) 俯视图

图 4 - 30　装配示意草图

　　应对所设计的轴进行强度计算和校核,对轴承的寿命进行计算和校核,对键进行强度计算和校核。

　　轴的强度计算可以参考例题 3 - 5 进行,如果校核出来的轴强度不足,则要增大轴的尺寸,同时,装在轴上的轴承和联轴器要重新选择,装在轴上的传动件的毂孔尺寸也要修正。

　　滚动轴承的寿命计算可以参考例题 3 - 6 进行,如果通过校核发现所选轴承的寿命不能满足使用要求,就要在轴承的系列上考虑提升,比如:原来的型号为轻窄系列,现在可以考虑改为中窄系列,甚至重窄系列等,直到满足使用的寿命要求,相应的配合轴段的直径尺寸也要修正。

键的校核可以参考文献[1～8]中的有关内容进行,如果校核出来键的强度不够,可以考虑适当增加键的长度,如果还不能满足要求,可以考虑在同一截面上旋转180°对称布置两个平键。

4.8　变速箱装配图的完成

在完成上述设计工作后,即可完成装配图的绘制,但要完成装配图的整个工作,还要进行尺寸标注、填写零件编号、撰写技术特性和技术要求、填写明细表和标题栏等。装配图上尽量不要用虚线表示零件的结构,必须表达的内部结构或某些附件的结构,可以采用局部视图的方法加以表达。最后还要对装配图各项内容进行仔细的检查、修改,使之准确、清晰、符合规范地反映整个装配和结构关系,满足装配图的设计要求。

1. 装配图尺寸标注内容

装配图尺寸的标注应包含特性尺寸、安装尺寸、外形尺寸、配合尺寸。特性尺寸一般是指传动零件的中心距及其极限偏差等;安装尺寸是指输入和输出轴外伸端直径、长度、变速箱中心高、地脚螺栓孔的直径和位置、箱座底面尺寸等;外形尺寸是指变速箱总长、总宽、总高等;配合尺寸是指变速箱装配图中主要零件的配合处的基准尺寸、配合性质、公差等级等。

2. 变速箱主要零件的配合

变速箱中,旋转轴与所安装的零件之间需要确定配合关系,表4－16给出了常用的配合推荐值。

表 4－16　变速箱主要零件的荐用配合

配 合 零 件	荐 用 标 准	装 配 方 法
一般情况下的齿轮、蜗轮、带轮、链轮、联轴器与轴的配合	H7/r6;H7/n6	用压力机装配
常拆卸的齿轮、带轮、链轮、联轴器与轴的配合	H7/m6;H7/k6	用压力机装配或手锤打入
蜗轮轮缘与轮芯的配合	轮箍式:H7/s6 螺栓连接式:H7/h6	轮箍式用加热轮缘或用压力机装配;螺栓连接可徒手装配
滚动轴承内圈孔与轴、外圈与机体孔的配合	内圈与轴:j7;k6 外圈与孔:H7	温差法或用压力机装配
轴套、挡油盘、溅油轮与轴的配合	D11/k6;F9/k6;F9/m6;H8/h7;H8/h8	徒手装配
轴承套环与箱体孔的配合	H7/js6;H7/h6	
轴承盖与箱体孔(或套杯孔)的配合	H7/d11;H7/h8	

3. 变速箱的技术特性

在变速箱装配图上,还应该在明细表附近适当位置写出所设计的变速箱的技术特性,一般采用表格的形式进行表达。表4-17即为这种表达的一个样式。

表4-17　技术特性

输入功率 /kW	输入转速 /(r/min)	效率 η	总传动比 i	传动特性							
				高速级				低速级			
				m_n	z_2/z_1	β	精度等级	m_n	z_2/z_1	β	精度等级

4. 撰写技术要求

装配图上还要注明有关装配、调整、润滑、密封、检验、维护等方面的技术要求,这些要求的撰写可以从如下几个方面展开。

(1) 装配前应用煤油或汽油清洗干净所有的零件,清除箱体内杂物并清洗干净箱体,箱体内壁应涂防护涂料。

(2) 说明传动件及滚动轴承所用的润滑剂的牌号、用量、更换周期。

(3) 箱体剖分面及轴外伸段密封处均不允许漏油,箱体剖分面上不允许使用任何垫片,但需要涂密封胶或水玻璃。

(4) 变速箱安装时必须保证齿轮或蜗杆传动所需要的侧隙以及齿面接触斑点,作为装配检查的依据。对于多级传动,如果各级传动的侧隙和接触斑点要求不同,也应分别说明。

(5) 滚动轴承的游隙是安装的重要指标,应在装配图上注明轴承游隙的具体要求(一般为$\Delta=0.1\sim0.4$ mm)。

(6) 变速箱装配后应进行运转试验,在满载转速下正反转各1 h,要求运转平稳、噪声小,所有连接处不能有松动,然后做负载试验,要求在满载转速和额定功率下,油池温升不能超过35℃,轴承温升不能超过40℃。

(7) 箱体表面应涂漆,外伸轴及其他零件需要涂油并包装严密。变速箱在包装箱内应固定可靠,包装箱外面应注明"不可倒置""防雨淋"。

5. 零部件编号

为了便于读图、装配及生产准备工作,装配图中所有零部件(包括标准件)都要进行编号。编号时,相同的零部件通常只有一个序号,不能重复编号,也不能遗漏。对于轴承、通气器以及焊接件等独立的部件,可以将其作为一个整体给予一个编号。编号时应按照一定的顺序进行,比如按照顺时针或逆时针方向依次排列。编号书写要整齐,编号数字的大小应该比装配图中的尺寸数字字号大一号或二号。编号的引线不能相交,并尽量不与剖面线平行。螺栓、螺母、垫圈,可以共用一根引线进行编号。

6. 明细表及标题栏撰写

明细表是变速箱装配图中所有零部件的详细目录,撰写明细表的过程也是对各零部件的详细信息进行审查的过程。明细表应包含零部件的名称、数量、材料、规格、标准、重量等。

标题栏用来说明变速箱的名称、图号、绘制比例、总重量、件数等。标题栏应置于装配图图纸的右下角，明细表布置在标题栏的上方，并连接成一体。明细表和标题栏的尺寸可以按照国家标准规定的格式，也可以按照图 4－31 和图 4－32 所示的课程设计推荐格式进行绘制。

35
15
30
(装配图名称)
图号
比例
数量
第　张
质量
共　张
3×7
设计
审阅
日期
3×7
机械设计课程设计
（校名）
（班级）
20
35
50
45
150

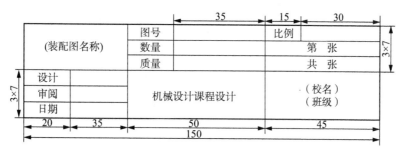

图 4－31　标题栏格式

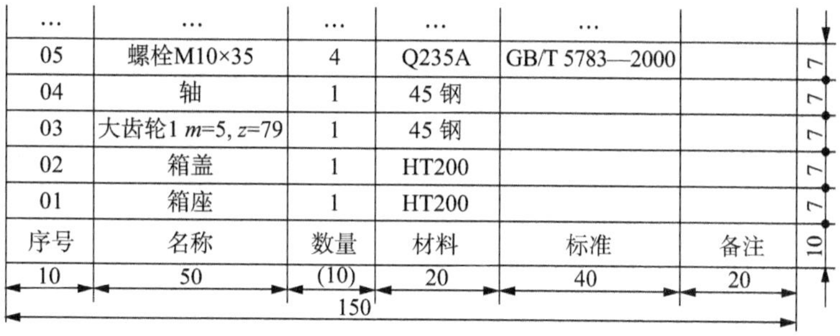

…
…
…
…
…
05
螺栓M10×35
4
Q235A
GB/T 5783—2000
04
轴
1
45 钢
03
大齿轮1 m=5, z=79
1
45 钢
02
箱盖
1
HT200
01
箱座
1
HT200
序号
名称
数量
材料
标准
备注
7
7
7
7
7
10
10
50
(10)
20
40
20
150

图 4－32　明细表格式

7. 装配图的检查

装配图在绘制完成后，应进行深入仔细的检查，可以事先列出检查项目的清单，一一对照。以下是针对变速箱设计的建议检查项目：

(1) 零部件编号是否有遗漏，标题栏与明细表是否符合要求；

(2) 尺寸标注是否正确，配合与精度的选择是否合理；

(3) 是否漏线条、多线条，线条的粗细是否正确，剖面线是否符合规范；

(4) 装配图与零件图是否一致，与计算结果是否一致；

(5) 是否表达清楚装配关系和结构，投影关系是否正确，尺寸是否正确、是否足够；

(6) 技术要求和技术条件是否全面；

(7) 标准件规格是否标注正确，零部件的数量、材料、重量等数字是否正确；

(8) 图纸的规范性是否还有不足之处。

8. 装配图的完成

在完成上述工作后，即可得到一张完整的变速箱装配图。图 4－33、图 4－34 即为单、双级变速器装配图样例。

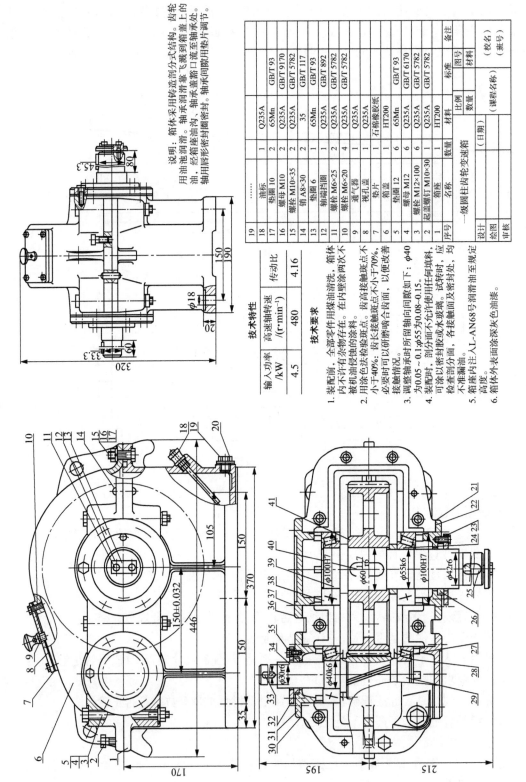

说明：箱体采用铸造剖分式结构。齿轮用油池润滑，经箱座油沟、轴承盖飞溅到箱盖上的油，轴承座油沟。轴承盖靠飞溅至轴承处。轴用唇形密封圈密封。轴承间隙用垫片调节。

序号	名称	数量	材料	标准	备注
19	……				
18	油标	1	Q235A		
17	垫圈 10	2	65Mn	GB/T 93	
16	螺母 M10	2	Q235A	GB/T 9170	
15	螺栓 M10×35	2	Q235A	GB/T 5782	
14	销 A8×30	2	35	GB/T 117	
13	垫圈 6	2	65Mn	GB/T 93	
12	轴端挡圈	2	Q235A	GB/T 892	
11	螺栓 M6×25	2	Q235A	GB/T 5782	
10	螺栓 M6×20	4	Q235A	GB/T 5782	
9	通气器	1	Q235A		
8	视孔盖	1	Q235A		
7	垫片	1	石棉橡胶纸		
6	箱盖	1	HT200		
5	垫圈 12	6	65Mn	GB/T 6170	
4	螺母 M12	6	Q235A	GB/T 5782	
3	起重螺钉 M12×100	6	Q235A	GB/T 5782	
2	起盖螺钉 M10×30	1	Q235A		
1	箱座	1	HT200		
序号	名称	数量	材料	标准	备注

一级圆柱齿轮变速箱

比例	数量	(课程名称)
设计	(日期)	图号　(校名)
绘图		标准　(班号)
审核		材料

技术特性

输入功率/kW	高速轴转速/(r·min⁻¹)	传动比
4.5	480	4.16

技术要求

1. 装配前，全部零件用煤油清洗，箱体内不许有杂物存在。在内壁涂两次不被机油侵蚀的涂料。
2. 用涂色法检验斑点。齿高接触斑点不小于40%；齿长接触斑点不小于70%，必要时可以研磨啮合齿面，以便改善接触情况。
3. 调整轴承时所留轴向间隙如下：φ40 为0.05～0.1，φ55为0.08～0.15。
4. 装配时，部分面不允许使用任何填料，可涂以密封胶或水玻璃。试转时，应检查剖分面、各接触面及密封处，均不准漏油。
5. 箱座内注 AL-AN68号润滑油至规定高度。
6. 箱体外表面涂深灰色油漆。

图4-33　单级齿轮变速箱装配图示例

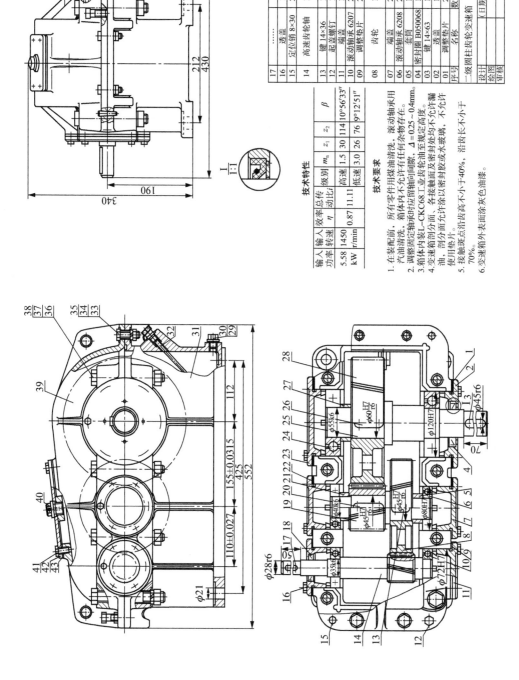

序号	名称	数量	材料	标准	备注
17	……	1			
16	透盖	1	HT150	GB/T 117	
15	定位销 8×30	2	35		
14	高速齿轮轴	1	45		$m_n=1.5$ $z=30$ 成组使用
13	键 14×36	1	45	GB/T 1096	
12	起盖螺钉	1	Q235A		
11	闷盖	1	HT150	GB/T 276	
10	滚动轴承 6207	2			
09	调整垫片	2	08F		
08	齿轮	1	45		$m_n=1.5$ $z=114$ 成组使用
07	端盖	2	HT150	GB/T 276	
06	滚动轴承 6208	2			
05	套筒	1	Q235A		
04	密封圈 B050068	1	耐油橡胶	GB/T 13871	
03	键 14×63	1	45	GB/T 1096	
02	透盖	2	HT150		
01	调整垫片	2	08F		
序号	名称	数量	材料	标准	备注

图号　（课程名称）
材料　（课程名称）
比例　（校名）
数量　（班号）

设计			（日期）
绘图			
审核			

一级圆柱齿轮变速箱

技术特性

输入功率 kW	输入转速 r/min	效率 η	总传动比 i	级别	m_n	z_1	z_2	β
5.58	1450	0.87	11.11	高速	1.5	30	114	10°56′33″
				低速	3.0	26	76	9°12′51″

技术要求

1. 在装配前，所有零件用煤油清洗，滚动轴承用汽油清洗，箱体内不允许有任何杂物存在。
2. 调整固定轴承时应留轴向间隙，Δ=0.25～0.4mm。
3. 箱体内装L-CKC68工业齿轮油至规定高度。
4. 变速箱剖分面，各接触面及密封面均不允许漏油，剖分面允许涂以密封胶或水玻璃，不允许使用垫片。
5. 接触斑点沿齿高不小于40%，沿齿长不小于70%。
6. 变速箱外表面涂灰色油漆。

图4-34　双级齿轮变速箱装配图示例

4.9 变速箱装配图例及常见错误

1. 变速箱常见图例

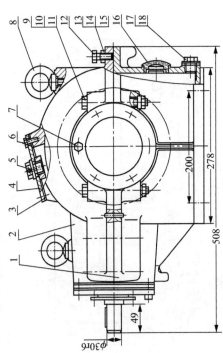

技术特性

输入功率/kW	高速轴转速/(r·min⁻¹)	传动比
4.5	420	2.1

技术要求

1. 装配前,所有零件进行清洗,箱体内壁涂耐油油漆。
2. 啮合侧隙 j_{min} 的大小用铅丝检验,所用铅丝直径不得大于最小侧隙的2倍。
3. 用涂色法检验齿面接触斑点,按齿高方向接触斑点不少于50%,按齿长方向不少于55%。
4. 调整轴承轴向游隙:φ40为0.04~0.07mm; φ50为0.05~0.1。
5. 变速箱剖分面、各接触面及密封处均不许漏油,剖分面允许涂密封胶或水玻璃,不允许使用垫片。
6. 变速箱装全损耗系统用油L-AN68至规定高度。
7. 变速箱表面涂灰色油漆。

组件表

序号	名称	数量	材料	标准	备注
17	圆形油标	1		JB/T 7941.1	
16	圆形油标				
15	弹簧垫圈 8	2	65Mn	GB/T 93	
14	螺母 M8	2	Q235	GB/T 9170	
13	螺栓 M8×30	2	Q235	GB/T 5783	
12	螺栓 M8×25	1	Q235	GB/T 5783	
11	螺栓 M12×60	8	Q235	GB/T 5782	
10	弹簧垫圈 12	8	Q235	GB/T 6170	
9	弹簧垫圈 12	8	65Mn	GB/T 93	
8	吊环螺钉 M10	2	25	GB/T 825	
7	螺栓 M8×20	12	Q235	GB/T 5783	
6	螺栓 M6×12	4	Q235	GB/T 5783	
5	通气器	1			
4	视孔盖	1	Q235		
3	垫片	1	软钢纸板		
2	箱盖	1	HT200		
1	箱座	1	HT200		

一级锥齿轮变速箱

图4-35 单级锥齿轮变速箱

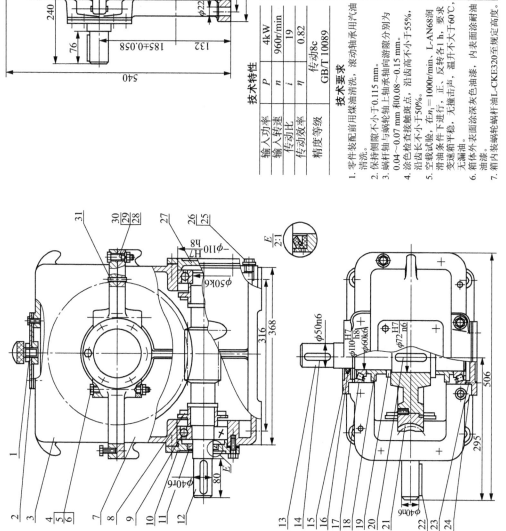

图4-36　单级蜗杆变速箱

技术特性

输入功率 P	4kW
输入转速 n	960r/min
传动比 i	19
传动效率 η	0.82
精度等级	传动8c GB/T 10089

技术要求

1. 零件装配前用煤油清洗，滚动轴承用汽油清洗。
2. 保持侧隙不小于0.115 mm。
3. 蜗杆轴与蜗轮轴上轴承轴向游隙分别为0.04~0.07 mm和0.08~0.15 mm。
4. 涂色检查接触斑点，沿齿高不小于55%，沿齿长不小于50%。
5. 空载试验，在 $n_1=1000$r/min，正、反转各1 h，要求变速箱运行平稳，无撞击声，温升不大于60℃，无漏油。
6. 箱体外表面涂深灰色油漆，内表面涂耐油油漆。
7. 箱内装蜗轮蜗杆油L-CKE320至规定高度。

序号	名称	数量	材料	标准	组件 备注
15	键14×56	1	...	GB/T 1096	
14	蜗轮轴	1	45		
13	蜗杆轴	1	45		
12					
11	密封圈 B045065	1	耐油橡胶	GB/T 13871	
10	透盖	1	HT200		
9	滚动轴承 7310C	2		GB/T 292	
8	甩油环	2	Q235A		
7	箱体	1	HT200		
6	弹簧垫圈 12	4	65Mn	GB/T 93	
5	螺母 M12	4	Q235A	GB/T 6170	
4	螺栓 M12×120	4	Q235A	GB/T 5782	
3	箱盖	1	HT200		
2	视孔盖	1			
1	通气器	1			

设计		(日期)	一级蜗杆变速箱（蜗杆下置式）	材料 比例
绘图			(课程名称)	数量 图号
审核				(校名)(班号)

2. 装配图常见错误

错　误	正　确

续表

错　误	正　确
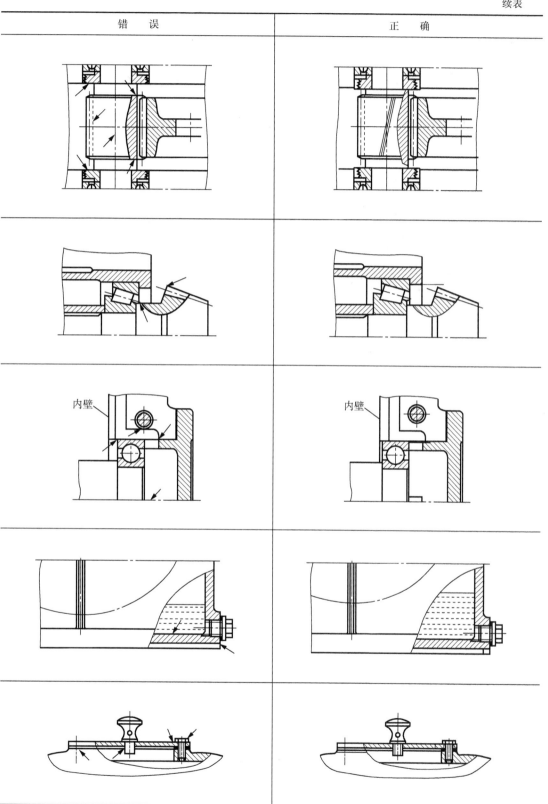	

错 误	正 确

第5章 变速箱零件图设计及绘制

5.1 零件图绘制注意事项

零件图也称零件工作图,是零件制造、检验的依据。经过检验合格的零件必须满足零件图的要求,否则即为不合格产品。零件图应该完整、清楚地表达出零件的各种结构、制造和检验的尺寸和技术要求。

零件图起源于装配图,是装配图的拆分和具体化,既要达到设计目的又要考虑制造和检验的可能性和合理性。

零件图绘制步骤和注意事项如下:

(1) 确定绘图比例。零件图优先选用1:1的比例。若零件尺寸过大或过小,可按标准规定的比例缩小或者放大图形。

(2) 确定图纸大小。根据零件尺寸、绘图比例和参数表以及技术要求等内容,确定所需的图纸大小。

(3) 布置视图。首先安排主视图、俯视图和左视图的位置,然后安排剖视图、剖面图、局部视图的位置,使整个图纸看起来疏密得当、美观大方。

视图的数量要恰当,以能够完整、正确、清楚地表达零件的结构形状和位置关系为原则,每个视图都应该有其自身的表达重点。各个视图存在的必要性是其中有其他视图所不能表达的内容,如果某一视图所表达的内容在其他视图中已经完整表达了,则该视图就不需要出现在图纸中。

(4) 绘制零件结构。零件图的基本结构和主要尺寸应与装配图一致,不能随意改动。若发现错误必须修改,并同时修改装配图。

(5) 标注尺寸。标注尺寸要完整、正确、清晰、工艺合理、便于检验。尺寸基准的选择要考虑加工精度、加工工艺性、检验方便性。环形封闭尺寸的标注应选择精度要求最低的尺寸为开环尺寸。

对于配合尺寸或者要求精度的尺寸,要标注其极限偏差,以便于测量和检验。

(6) 标注表面粗糙度。零件的所有表面(包括非加工面)都应该标注表面粗糙度。若较多表面具有同一粗糙度,可在图纸右上角集中标注,并加"其余"字样,但仅允许标注使用最多的一种粗糙度。粗糙度应根据设计要求确定,在保证设计要求的前提下,应尽量采用较大的粗糙度数值。表5-1给出了各种加工方法所对应的粗糙度数值。

表5-1 各种加工方法所能得到的粗糙度

加工方法	表面粗糙度	加工方法	表面粗糙度
粗车	12.5~6.3	精铣	3.2~0.8
细车	3.2~0.8	粗磨	3.2~1.6
精车	0.8~0.2	细磨	0.8~0.4
粗镗	12.5~6.3	精磨	0.4~0.2
细镗	3.2~0.8	粗抛光	0.2~0.1
精镗	0.8~0.2	精抛光	0.1~0.05
粗铣	6.3~3.2		

（7）标注形位公差。零件图应标注必要的形位公差，它是评定零件加工质量的重要指标。具体数值和标注方法见第10章相关内容。

（8）绘制参数表。对于传动零件，要列出其主要参数、精度等级和误差检验项目等的表格。

（9）编写技术要求。零件在制造和检验时必须要保证的要求和条件，不便用图形或符号表示的，可在技术要求中提出。不同零件的技术要求不同。

（10）填写零件图标题栏。在图纸的右下角画出标题栏，用来说明零件的名称、图号、材料、数量、绘图比例等内容，标题栏各部分的实际尺寸参照机械设计的有关标准。

5.2　轴类零件工作图绘制

5.2.1　视图

轴类零件图一般只画出一个视图，在有键槽和孔处增画剖面图。对于轴的细部结构，如螺纹退刀槽、砂轮越程槽、中心孔等处，必要时可以画局部放大图。

5.2.2　标注尺寸

轴类零件应标注各轴段的直径尺寸、长度尺寸、键槽尺寸、局部细节尺寸等。

标注直径尺寸时，凡有配合处的直径，都应标出尺寸偏差。若有几个轴段具有相同的直径尺寸，也应一一标出各轴段直径的尺寸偏差，不得省略。

标注长度尺寸时，应根据设计及工艺要求确定主要基准和辅助基准，并选择合理的标注形式，尽量使标注的尺寸反映加工工艺及测量的要求，不允许出现封闭的尺寸链。长度尺寸精度要求较高的轴段，应直接标注出其长度偏差。精度要求最低的轴段，作为最后的开环，其长度尺寸可以不标注。

轴上最重要零件与轴肩端面的配合面一般选为主要基准，基准可以有多个。

5.2.3　标注表面粗糙度

轴的所有表面都要加工，因此所有表面都要标注表面粗糙度。轴各个表面的粗糙度根据表5-2选取，在满足要求的前提下尽量选择较大值，以提高经济性。

表5-2　轴的表面粗糙度 Ra 推荐使用值

表面位置	表面粗糙度 Ra			
与除轴承外的传动件相配合的表面	1.6			
与轴承相配合的表面	0.4～1.6			
与轴承相配合的端面	1.6～3.2			
与除轴承外的传动件相配合的端面	3.2			
平键键槽	工作面,3.2;非工作面,6.3			
密封表面	毡圈	油封		油沟及迷宫
	圆周速度/(m/s)			1.6～3.2
	≤3	3～5	5～10	
	0.8～3.2	0.4～1.6	0.2～0.8	

5.2.4　编写技术要求

轴类零件的技术要求包括以下项目内容：

（1）对材料机械性能和化学成分的要求；

（2）对零件表面机械性能的要求，如热处理方法，以及热处理后表面的硬度、渗碳深度、淬火深度等；

（3）对加工的要求，如是否保留中心孔，是否与其他零件一起配合加工；

（4）对图中未注明的倒角、圆角的说明，以及其他特殊要求等。

5.3　齿轮类零件工作图绘制

1. 视图

齿轮类零件的视图可以有两种表达：（1）一个视图外加毂孔和键槽的局部视图；（2）两个视图。齿轮轴线在图面中水平布置，用全剖视图或半剖视图表达齿轮的内部结构。齿轮轴和蜗杆轴的视图与轴类零件的视图相似。对于组合式的蜗轮结构，应画出其蜗轮的部件图，并分别画出齿圈和轮芯的零件图。

2. 标注尺寸

齿轮类零件的径向尺寸以轴线为基准标注，宽度方向的尺寸以端面为基准标注。分度圆直径是设计的主要参数，必须标注。毂孔是制造、检验和装配的主要基准，应标出尺寸偏差。齿顶圆的偏差是否标注视其是否作为测量基准而定。齿根圆是根据齿轮参数加工得到的，在图纸上不必标注。

锥齿轮的锥距标注时应精确到 0.01 mm，锥角标注时角度应精确到“″”。应标注出基准端面到锥顶的距离。

组合蜗轮部件图中应标注齿圈和轮芯的配合尺寸、精度及配合性质。

3. 表面粗糙度和精度等级

齿轮的表面粗糙度和精度等级见第 15 章。

4. 参数表

齿轮（蜗轮）的参数表位于零件图的右上方，其内容应包括主要参数和误差检验项目。齿轮的精度等级和误差检验项目见第 15 章。

5. 技术要求

齿轮类零件的技术要求包括以下项目内容：

（1）对材料机械性能和化学成分的要求；

（2）对铸件、锻件及其他类型坯件的要求，如不允许有氧化皮及毛刺等；

（3）对零件表面机械性能的要求，如热处理方法，以及热处理后表面的硬度、渗碳深度、淬火深度等；

（4）对图中未注明的倒角、圆角的说明；

（5）其他特殊要求，如对大型齿轮或高速齿轮的平衡试验等。

5.4　箱体类零件工作图绘制

1. 视图

箱体零件的结构一般都比较复杂，一般需用 3 个视图表示。为了完整表示其内部和外部结构，还需要增加局部视图、局部剖视图和局部放大图等。

2. 标注尺寸

箱体零件的尺寸标注远比轴、齿轮等的要复杂得多。在标注尺寸时，要注意以下要点：

（1）选好基准。最好采用加工基准为尺寸基准，便于加工和测量。如箱盖和箱座的高度尺寸最好以剖分面为基准，箱体的宽度方向尺寸以宽度的对称中心线为基准，箱体的长度方向尺寸最好以轴承孔中心线为基准。

(2) 箱体尺寸分为形状尺寸和定位尺寸。形状尺寸是箱体各部分形状大小的尺寸,如壁厚、各种孔径及深度、圆角半径、槽的宽度和深度、螺纹尺寸、箱体的长宽高等。定位尺寸是确定箱体各部分相对于基准的位置尺寸,如孔的中心线、曲线的中心位置等。

(3) 影响机器工作性能的重要尺寸应直接标注,以保证加工准确度,如箱体孔的中心距及其偏差等应直接标出。

(4) 箱体中有些尺寸的标注要考虑铸造模型的制造,有些结构的尺寸可以模型的基准为基准,如窥视孔、油池孔、放油孔等。

(5) 配合尺寸都应标注极限偏差。

(6) 所有圆角、倒角、拔模斜度都必须标注或在技术要求中说明。

3. 表面粗糙度

箱体零件的表面粗糙度 Ra 见表 5-3 所示。

表 5-3 箱体零件的表面粗糙度 Ra 推荐值

表 面	表面粗糙度
箱体剖分面	1.6～3.2
与滚动轴承(P0 级)配合的轴承座孔 D	1.0($D \leqslant 80$ mm);2.5($D > 80$ mm)
轴承座外端面	3.2～6.3
螺栓孔沉头座	12.5
与轴承盖及其套杯配合的孔	3.2
油沟及窥视孔的接触面	12.5
箱体底面	6.3～12.5
圆锥销孔	1.6～3.2

4. 形位公差

箱体零件的形位公差见表 5-4 所示。

表 5-4 箱体零件的形位公差

内容	项 目	符号	精度	对工作性能的影响
形状公差	轴承座孔圆柱度	⌀	7	与轴承的配合和对中性
	剖分面的平面度	▱	7～8	
位置公差	轴承座孔中心线对其端面的垂直度	⊥	7	轴承固定和轴向载荷均匀性
	轴承座孔中心线之间的平行度	//	6	
	圆锥齿轮或蜗轮蜗杆减速器轴承座孔之间的垂直度	⊥	7	传动平稳性和载荷分布均匀性
	相对两轴承座孔同轴度	◎	7	装配和载荷分布均匀性

5. 技术要求

箱体零件的技术要求包括:

(1) 铸件清理及时效处理;

(2) 箱盖与箱座的轴承座孔应用螺栓连接并装入定位销后镗孔;

(3) 剖分面上的定位销孔加工,应将箱盖和箱座固定后配钻或配铰;

(4) 铸造斜度及圆角半径;

(5) 箱体内表面需用煤油清洗,并涂上防侵蚀涂料;

(6) 箱体应进行消除内应力处理。

5.5 变速箱零件图例

图 5-1～图 5-4 给出了典型的变速箱轴、齿轮和箱体的零件工作图。

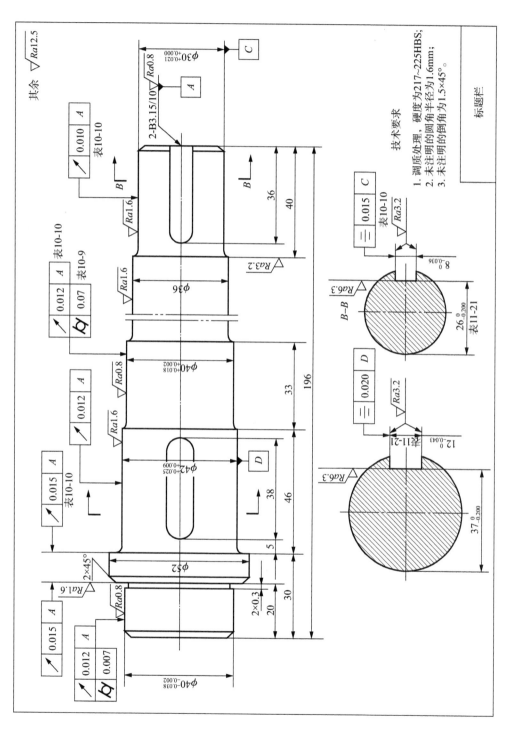

图5-1　变速箱轴

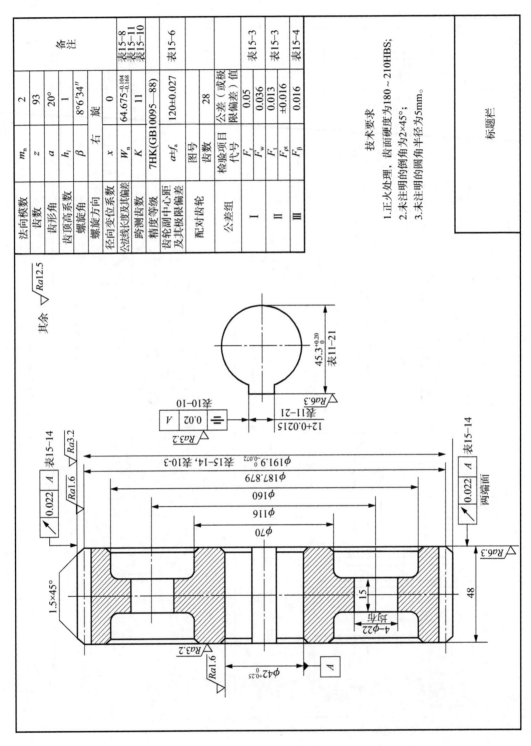

图5－2　变速箱筒齿轮

法向模数	m_n	2	
齿数	z	93	
齿形角	a	20°	
齿顶高系数	h_t	1	
螺旋角	β	8°6′34″	
螺旋方向		右　旋	
径向变位系数	x	0	
公法线长度及其偏差	W_n	$64.675^{-0.104}_{-0.168}$	表15-8 表15-11
跨测齿数	K	11	表15-10
精度等级	7HK(GB10095—88)		
齿轮副中心距 及其极限偏差	$a \mp f_a$	120±0.027	表15-6
配对齿轮	图号		
	齿数	28	
公差组	检验项目 代号	公差（或极限偏差）值	
Ⅰ	F_t'	0.05	表15-3
	F_w	0.036	
Ⅱ	F_t	0.013	表15-3
	F_{pt}	±0.016	
Ⅲ	F_β	0.016	表15-4
备注			

技术要求
1.正火处理，齿面硬度为180～210HBS；
2.未注明的倒角为2×45°；
3.未注明的圆角半径为5mm。

标题栏

其余 ▽$\sqrt{Ra12.5}$

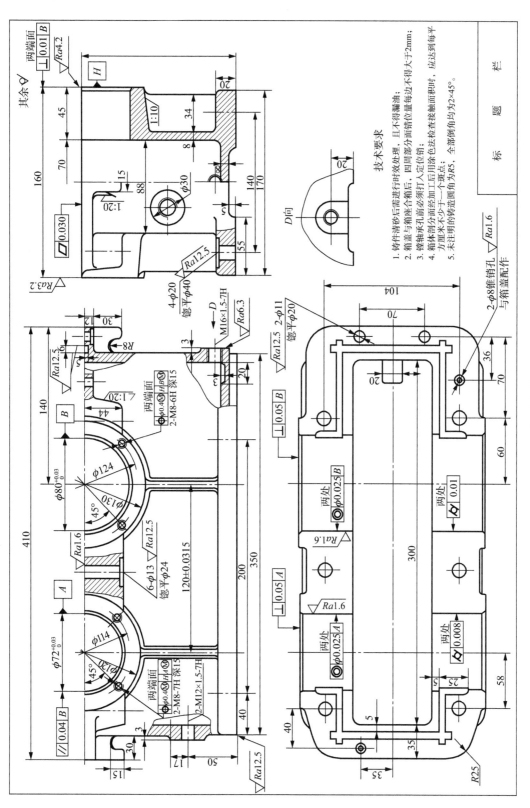

图5-3 变速箱箱体1

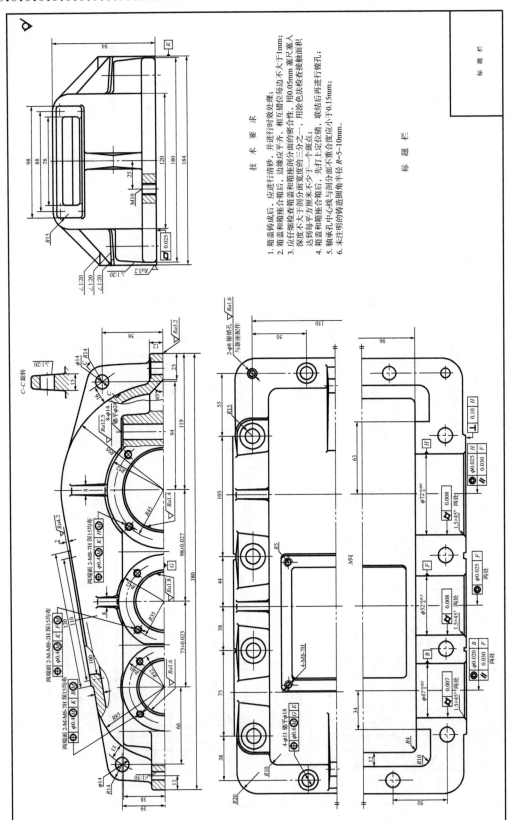

技　术　要　求

1. 箱盖铸成后，应进行清砂，并进行时效处理；
2. 箱盖和箱座合箱后，边缘应平齐，相互错位每边不大于1mm；
3. 应行细检查箱和箱座剖分面的密合性，用0.05mm塞尺塞入深度不大于剖分面宽度的三分之一，用涂色法检查接触面积达到每平方厘米不少于一个斑点；
4. 箱盖和箱座合箱后，先打上定位销，联结后再进行镗孔；
5. 轴承孔中心线与剖分面不重合度应小于0.15mm；
6. 未注明的铸造圆角半径 $R=5\sim10$mm。

图5－4　变速箱箱体2

第6章　设计说明书撰写及答辩准备

6.1　设计说明书的撰写目的及一般格式

6.1.1　设计说明书的撰写目的

设计说明书是阐述、论证工程技术设计过程、任务、要求及成果的说明性技术文件。说明书中应反映出设计者的调查研究、查阅文献和收集资料的能力，理论分析、制订设计方案的能力，设计计算和绘图的能力，技术经济分析和组织工作的能力，以及创造性能力等。通过设计说明书的撰写过程可以培养学生全面综合运用本专业的基础理论和专业技术知识，运用计算、绘图、试验等基本技能，解决一般性工程技术问题的能力。

设计说明书的撰写要遵循有序、有理、有据、规范的原则。所谓有序就是设计说明书要按照一定的顺序撰写，条理清楚；有理就是说明书中所拟订的方案、措施要充分运用科学原理进行论证，特别是一些创新性的设计内容要从理论高度进行论证并得到合理的结论；有据就是说明书中的每一个结论都要有充分的依据；规范就是设计说明书的内容要合乎标准和规范的要求。

6.1.2　设计说明书的一般格式

设计说明书应该顺序合理、叙述清楚、计算正确、图示规范、文字精练。一般而言，规范的设计说明书应该满足以下要求：

（1）计算内容的书写，只需列出计算公式并代入数据，不需要计算过程，直接给出计算结果并标注单位即可，必要时应写出简短的结论或说明。

（2）所引用的计算公式或计算数据应注明来源。主要参数、尺寸和规格以及主要的计算结果，可写在页面右侧预留的 30 mm 的长框内。

（3）为了清楚地说明计算内容，说明书中应附有必要的设计简图或局部（整体）结构图。

（4）说明书中每一自成单元的内容可以分节，并以分节标题引导排列，使之突出醒目。

（5）设计说明书内页的设计参见图 6-1 和表 6-1。在右侧留 30 mm 空间填写重要的计算结果。在计算过程区域中书写计算内容，在计算结果区域内写出主要的计算结果参数（尺寸、规格等）。

图 6-1　设计说明书内页格式

表 6-1　规范的说明书的书写格式示例

计算项目	计算内容	计算结果
结构简图		
选择轴承型号和安装方式	A、D 为滚动轴承 根据例题 3-4,可知选取的轴承为 7009C(角接触球轴承);为了增加轴的刚度,这一对角接触球轴承采用正装(即面对面安装)	$C_r = 25\ 800$ N $C_{0r} = 20\ 500$ N
轴承所受径向力	$F_{rA} = \sqrt{R_{HA}^2 + R_{VA}^2} = \sqrt{(-4\ 916)^2 + (-1\ 967)^2}$ $F_{rD} = \sqrt{R_{HD}^2 + R_{VD}^2} = \sqrt{(-4\ 252)^2 + (771)^2}$	$F_{rA} = 5\ 295$ N $F_{rD} = 4\ 321$ N
轴所传递的轴向力	$F_{ae} = F_{aB} - F_{aC} = 1\ 630 - 639$,方向指向轴承 A	$F_{ae} = 991$ N
计算轴向相对载荷	$\dfrac{f_0 F_{ae}}{C_{0r}} = \dfrac{14.7 \times 991}{20\ 500} = 0.710\ 6$	
韦布尔指数 e	插值	$e = 0.43$
计算派生力	$F_{sA} = e F_{rA} = 0.43 \times 5\ 295$ $F_{sD} = e F_{rD} = 0.43 \times 4\ 321$	$F_{sA} = 2\ 277$ N $F_{sD} = 1\ 858$ N
计算轴向载荷	$F_{sD} + F_{ae} > F_{sA}$,轴承 A 被压紧 $F_{aA} = F_{sD} + F_{ae} = 1\ 858 + 991$ $F_{aD} = F_{sD} = 1\ 858$ $\dfrac{F_{aA}}{F_{rA}} = \dfrac{2\ 849}{5\ 295} = 0.54 > e$	$F_{aA} = 2\ 849$ N $F_{aD} = 1\ 858$ N $X_A = 0.44$ $Y_A = 1.3$

6.2　设计说明书的主要内容

设计说明书的内容因具体的设计对象不同而有所差别,以齿轮变速箱为主的传动机构的设计说明书一般包含如下内容:

(1) 目录(标题、页码);

(2) 设计任务书;

(3) 传动方案拟订及分析;

(4) 电动机的选择;

(5) 传动系统的运动学和动力学参数计算;

(6) 传动件的设计计算(如带、链、齿轮、蜗杆传动等);

(7) 轴的结构设计与校核计算;

(8) 键的选择及校核计算;

(9) 滚动轴承的选择及计算;

(10) 联轴器的选择及计算;

(11) 变速箱附件的选择;

(12) 润滑与密封;

(13) 设计小结(设计优缺点、改进设想及课程设计中的体会);

(14) 参考资料目录。

6.3　课程设计的总结和答辩

课程设计总结是对整个设计过程的总体认识和评价。学生在完成全部图纸绘制及说明书撰写之后,全面地分析本次设计中存在的优缺点,找出设计中应该注意的问题,掌握通用机械设计的一般方法和步骤。通过总结,巩固和提高分析与解决实际机械设计问题的能力。

答辩过程由指导教师主持,教师提问,学生回答,教师根据学生答辩情况判定学生在进行课程设计过程中设计能力的提高程度。在准备答辩时要对整个设计过程进行回顾,可以通过以下问题进行总结或准备:

(1) 在所给定的设计条件下,除了你所选择的传动方案外,还有什么方案可以采用? 试加以列举。

(2) 在确定传动方案时,为什么把带传动放在第一级并首先对其进行计算?

(3) 传动装置设计中,为什么首先计算传动零件?

(4) 如何确定电动机的类型和型号? 确定时主要考虑哪些因素?

(5) 分配各级传动比时,要考虑哪些因素? 你确定的传动比分配方案有何优缺点?

(6) 分配二级或多级传动比时,应如何考虑结构紧凑、尺寸协调、等强度、润滑、轻量化等问题?

(7) 在设计二级斜齿圆柱齿轮变速箱时,各个齿轮的旋向的确定应考虑哪些因素?

(8) 斜齿圆柱齿轮传动的中心距调整为 5 的倍数时,应如何调整模数、齿数、螺旋角而达到目的?

(9) 说明传动轴之间的传动比、转速、转矩、功率、效率之间的相互关系?

(10) 根据什么要求选择轴和齿轮的材料? 选择材料的原则是什么?

(11) 满足什么条件的齿轮和轴可以制造成齿轮轴?

(12) 铸造齿轮和锻造齿轮各自用在什么场合?

(13) 如何初算各轴轴径? 精确验算轴的安全系数时,如何确定危险剖面?

(14) 轴在进行校核时,若强度不足应如何调整? 若强度富裕太多应如何调整?

(15) 轴承在轴承座上的位置应如何布置? 怎样保证轴承润滑和密封的可靠性?

(16) 滚动轴承的型号应如何确定? 当计算所得的轴承的寿命不能满足要求时应如何进行调整?

(17) 如何确定轴的跨距? 确定跨距时要注意哪些结构上的问题?

(18) 轴的尺寸标注如何选择基准? 为什么不能出现封闭的尺寸链?

(19) 两级展开式圆柱齿轮变速箱中,输入轴上小齿轮的位置布置在靠近输入端好还是远离输入端好?

(20) 简述你所设计变速箱的轴以及轴上零件在减速器上的安装顺序和过程。

(21) 说明你所设计的变速箱各个轴承的装拆过程及轴承游隙的调整方式和方法。

(22) 简述你所设计的变速箱中齿轮和轴承的润滑方法。应选用何种牌号的润滑剂? 为什么?

(23) 你所设计的变速箱还可能具有什么样的结构形式?

(24) 焊接结构和铸造结构的变速箱箱体各有何特点? 各自适用于什么场合?

（25）变速箱箱体为什么一般采用剖分式结构？如何选择剖分面？剖分面是否加垫片？

（26）箱体和箱盖之间的相互位置如何精确保证？

（27）铸件的结构设计应注意哪些问题？

（28）机械加工件的结构设计应注意哪些问题？

（29）为什么在箱体轴承孔两侧螺栓连接处设计凸台？

（30）怎样保证剖分式箱体上轴承孔的同心度？

（31）你所设计的变速箱配合部位有哪些？配合形式和配合精度是如何确定的？

（32）你所设计的变速箱是如何考虑密封的？

（33）变速箱上的销钉、起盖螺栓、油孔、窥视孔、油标、通气孔的作用各是什么？

（34）变速箱内油池中油量和油面高度是怎样确定的？

（35）吊环螺钉的作用是什么？起吊整个变速箱时能否使用吊环螺钉？

（36）箱体上的凸台或沉孔的作用是什么？

（37）装配图的作用是什么？应标注哪几类尺寸？

（38）通过变速箱的设计，你有哪些体会、收获、经验、教训？

第7章 机械创新设计

7.1 概　述

设计是人类社会最基本的生产实践活动之一,是人类创造精神财富和物质文明的重要环节。创新设计是技术创新的重要内容。对于机械设计来说,几乎所有的机械设计过程都存在创新的成分,没有创新设计的能力,就无法完成实际的机械产品设计。

所谓机械创新设计,就是利用机械工程和其他相关学科的有关知识,针对一个具体的应用问题展开创新性的思考,构思新的机构、新的工作原理,从而设计开发出新的产品,或在原有基础上达到新的、更高的性能指标。

机械创新设计一般可以分为三种不同的类型。

(1) 开发性设计。该种设计将根据设计任务书的功能要求,提出新的原理方案,通过产品规划、原理方案设计、技术设计和施工设计的全过程完成全新的产品设计,这种设计将实现一种没有先例的全新机械产品。

(2) 内插式设计。这种设计是在现有的两种或两种以上的方案中进行综合,是最为常用的一种设计方法。在进行这种方法设计时一般已经有一些现成的经验,产品可以借鉴和类比,其实就是对原有的设计原理进行归纳、综合,只要精心设计、认真进行一些改进,加上少量的实验研究,就能够有把握完成设计,取得成功。

(3) 外推式设计。在进行设计时,有一些设计经验可以借鉴,但这些经验只是局部性的,存在一定的未知部分,依靠经验无法完成整个设计,需要进行外推研究,即通过理论探讨、实验研究进行外推部分的开发研究。

机械创新设计应具有或部分具有如下两个特点:

(1) 独创性。上述的开发性设计就应该具有这样的特点,这就要求设计者采用与其他设计者不同的思维模式,打破常规的思维模式,提出与其他设计者不同的新功能、新原理、新机构、新材料、新外观,在求异和突破中实现创新。

(2) 实用性。机械设计的创新必须具有实用性,创新的结果需要通过实践来检验其原理和结构的合理性,不能为了创新而创新,需要得到使用者的支持和认可。因此,在创新设计的过程中要考虑市场、用户、经济性,说到底是要被用户接受才能产生实际的社会价值。

目前我国机械类专业的机械设计课程设计一般都是选择变速箱作为设计题目,鉴于变速箱涉及的机械设计问题具有典型性和普遍性,采用变速箱设计对学生进行基本设计能力的培养是十分有效的,但目前的情况是,学生在进行变速箱的设计时,一般都有一个详尽的课程设计指导教材,并且变速箱的设计过程、设计方法确实已经完全模式化了,无法有效实现对学生的机械创新设计能力的培养。其实,在实际的机械设计中,设计者要完全依靠自己的设计能力、设计思想完成设计过程,为此,应该在实际的课程设计教学过程中引入机械创新设计的教学环节。

7.2　机械创新设计的一般过程

要进行机械创新设计的能力培养,首先要抛开课程设计指导教材,将设计的主动权交给学生,让他们成为主动的设计者。为此,应以收集的若干与机械设计及相关领域的科研方向为设计课题,这些课题兼顾基础性、知识性、前沿性,设计工作量虽不是很大,但思维创新的空间较为广阔,给学生创造性思维留出了余地。设计中应用的设计原理、结构理论不设固定的模式,只提供一个设计思想及所要达到的预期目标,或一个简单的示意性原理图或结构图,具体的设计过程由学生自己来完成。

所谓的机械创新设计,其实就是面对一个实际问题展开的实际机械设计,其设计的过程与实际中开发一个新产品的过程具有相通性。大致可以分为如下几个主要阶段。

1. 调查研究、制订开发计划书

由用户提出要求,用户和设计人员通过讨论、调查分析,共同制订开发计划书。内容包括产品的国内外现状、用途、功能、基本结构形式、主要设计参数、动力源形式、技术经济指标、成本和利润要求、计划进度等。

2. 初步设计阶段

这一阶段要确定主要的结构形式,进行机构、零部件的初步设计。对于一些无成功经验可以借鉴的部分,要通过进行模型试验研究和技术分析,验证原理的可行性、可靠性,发现存在的问题,并探索解决的方法。这一阶段最终要通过分析、计算,绘制出必要的结构草图。

3. 绘制装配图和零部件图

在上一阶段工作的基础上,根据对零件的功能要求、加工工艺要求,将零件的形状、尺寸、机械安装尺寸、配合公差等全部确定下来,并绘制出整机的装配图,在此基础上绘制出所有的零件图,编制技术文件和设计说明书,并不断审核和修改,最终定稿。

4. 样机试制和技术经济评价

对设计图纸进行全面的审核和改进之后,开始进行样机加工制作,装配完成后进行样机试验,对出现的问题进行分析、改进,然后进行全面的技术和经济性评价,与开发计划书进行比对,研究进一步提高综合性能的方法和措施。

5. 产品定型、投放市场

在样机达到要求的基础上,进行产品的定型设计,开始小批量生产,投放市场,接受用户反馈信息,进行进一步完善,之后方可定型产品、进行批量生产。

需要说明的是,上述设计过程的各个阶段互相关联,当其中一个阶段发现问题时,必须进行返回修改。整个设计过程是一个不断修改、返工、不断完善的优化过程。另外,在有些设计中,并非需要经过上述设计过程的所有步骤,有时可以根据具体情况跳过某一个步骤,这要根据实际情况进行操作。

7.3　机械创新设计的常用方法

与实际的机械设计方法相似,常用的机械创新设计方法大致可以分为以下几种。

1. 综合创新

综合,就是将研究对象、现有理论、现有成果进行综合归纳,构思出新设计的一种方法。在机械创新设计中,我们可以看到很多通过综合取得的成功范例,比如,同步带传动机构(图7-1)就是从平带传动、V带传动、多楔带传动逐渐发展起来的一种传动形式,同步带实际上是将齿轮传动和皮带传动综合而实现的一种新的传动形式。

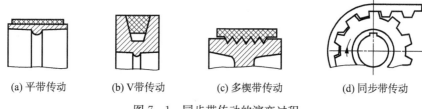

(a) 平带传动　　(b) V带传动　　(c) 多楔带传动　　(d) 同步带传动

图7-1　同步带传动的演变过程

再比如,液压缸是液压系统中的执行元件,它的作用是将液体的压力升高,将液体的压力能转换为机械能。在液压缸的设计中,有一种增压缸创新设计就是利用综合法实现的。如图7-2所示,该增压缸由两个直径不同的缸体组成,其实就是将两个缸体串联,形成一个整体,将其功能组合起来,实现新的功能。

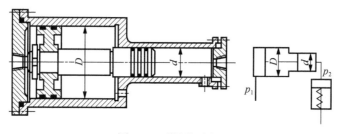

图7-2　增压缸原理

2. 移植创新

所谓移植创新,就是利用、借鉴某一领域的科学技术成果或思想,用以变革或改进已有的事物或开发新产品。移植机械创新设计,就是利用其他的创新结构、原理改进所要进行的机械设计产品,形成机械创新的成果。移植创新具有以下一些特征:移植是借用已有的技术成果针对新目的进行再创造,可以使已有的技术在新的应用领域得到延续和拓展;移植实际上是各种事物的技术和功能相互之间的转移和扩散;移植领域之间的差别越大,则移植创造的难度也就越大,成果的创新性也就越明显。

图7-3所示为一学生的创新作品,题目为"高层建筑火灾逃生装置",该装置的原理就是一种移植创新。基本原理为:该装置固定在高层建筑靠近窗口的位置,当发生火灾时,逃生者将绳索套固定在身上,跳出窗外,在人体重力的作用下,旋转轴转动,人体下降,当下降的速度逐渐提高时,转轴的速度也将提高,这时,离心摩擦块在旋转离心力的作用下将与摩擦外筒的内壁产生压紧力,这个压紧力与圆周速度的二次方成正比,在摩擦力矩的作用下,人体下降的速度将稳定在一个适当的数值,从而保证逃生者安全、自动的下落,并且不会因人体的重量太大而产生快速的下落,也不会因人体重量小而无法下落。该装置是一个十分出色的创新作

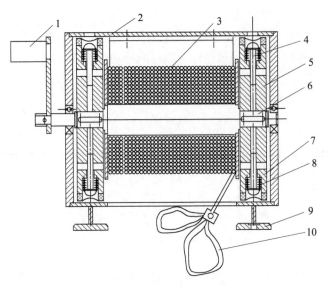

图 7-3　火灾逃生装置

1—手柄;2—摩擦筒体;3—绳索;4—离心摩擦块导杆;5—导杆固定块;

6—旋转轴;7—离心摩擦块;8—弹簧;9—固定座;10—绳索套

品,其基本原理实际上就是利用了离心式离合器的工作原理,将这种原理经过一次移植,产生了一个具有创新性的作品。

3. 概念创新

所谓概念创新,就是采用完全不同于旧有原理实现原有功能、甚至进一步提高其功能的创新。比如:常规的机械切削加工一般是依靠刀具对工件的切削过程实现的,这种切削要求刀具材料硬度必须大于工件材料硬度。但有些情况下需要加工的工件硬度很高,一般的刀具无法完成这样的切削任务。为了解决这一问题,如果沿用常规的切削加工原理继续思考,就很难找到解决的方法,或者即使能够制作出硬度很高的刀具,其成本也是很大的。为此,出现了激光加工、线切割、电火花加工等一系列加工方法。比如,电火花加工就是一种全新的思路所构建的加工方法,它已经完全跳出了传统的刀具切削原理,是一种完全的概念创新。

如图 7-4 所示,电火花加工的原理为:工具电极(常用铜、石墨等)和工件分别接脉冲电源的两极,并浸入绝缘工作液(常用煤油或矿物油)中,工具电极由自动进给调节装置控制,以保证工具与工件在正常加工时维持一很小的放电间隙($0.01\sim0.05$ mm),当脉冲电压加到两

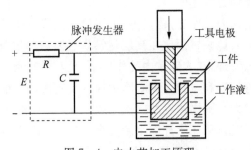

图 7-4　电火花加工原理

极之间时,便将当时条件下极间最近点的液体介质击穿,形成放电通道,由于通道的截面积很小,放电时间极短,致使能量高度集中,放电区域产生的瞬时高温足以使材料熔化甚至蒸发,以致形成一个小凹坑。第一次脉冲放电结束之后,经过很短的间隔时间,第二个脉冲又在另一极间最近点击穿放电。如此周而复始高效率地循环下去,工具电极不断地向工件进给,它的形状最终就复制在工件上,形成所需的加工表面。

4. 学科交叉创新

科学技术发展到今天,各门学科之间的融合越来越频繁,学科之间的联系日益密切。学科之间的交叉为创新思维提供了新概念、新原理、新方法,交叉边缘学科往往都是最为活跃的领域其实就说明了这一点。机械设计也是如此,当在创新设计过程中出现困难的时候,多学科的研究者进行交流可能就会产生突破性的进展。比如,仿生学在工程中的应用。人类从飞鸟想到开发出飞机,从蝙蝠的声呐探测开发出雷达系统,从对海豚皮肤的研究到人造海豚皮的发明,从人手的基本原理发明机械手,这些都是将生物界的自然现象引入工程领域而产生的创新成果,是学科交叉创新的范例。

5. 技术组合创新

所谓技术组合创新,就是通过将若干成熟的技术,通过有机的组合而形成一种具有新功能的创新设计成果。在这样的组合中,每一种技术都是成熟的、可靠的,设计时只要能够使各技术之间有效衔接,就可完成预定的功能,虽然单独看每个技术模块没有什么先进性和创新性,但组合起来后将具有整体的创新性。如图7-5所示的针式打印机打印头移动及色带驱动机构,就是一种通过现有技术的组合而形成的创新机构,里面涉及的传动机构单元都是现有的成熟技术,但组合起来之后,就形成了一种全新的功能。

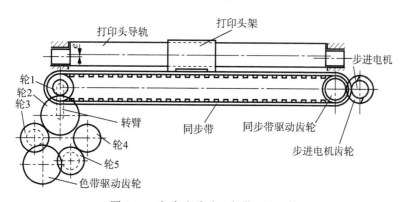

图7-5 打印头移动及色带驱动机构

需要说明的是,上述各种创新设计的方法并不是完全独立的,其实它们之间也是存在着交叉现象。在具体的设计中,不要拘泥于一定要在某一种方法内进行创新设计,而是要根据实际情况灵活地进行应用。

7.4 机械创新设计的评价

因为创新本身就是在做前人没有做过的工作,创新作品的评价是较为困难的,但对机械设计创新作品的评价还是有一些基本原则的。一般来说可以从如下几个方面来进行评价。

(1) 选题是否具有实际意义。机械创新设计的选题应该来自生产或生活实际的需要,因为机械设计是属于工程应用科学技术领域,在这个领域,所有创新的驱动力就是应用价值,一个再好的创意,如果没有实际应用点,都将是没有真实意义的。

(2) 功能是否具有完整性。机械创新设计所产生的作品应具有一定的功能,这种功能是否完整、是否达到预定的要求、是否能够产生价值,应该成为机械创新产品评价的关键指标之一。一个作品不管它在其他方面如何出色,但抛开功能的实现,都将是没有意义的。当然,功能的完整性也包括整体的完整性和局部的完整性两种,有些创新本身就是一种局部创新,这时只要强调局部功能的完整性就可以了。在对功能进行评价时,可以通过类比的方法来确定这种功能的先进性。

(3) 创新性是否显著。创新设计的一个主要的要求是它的创新性,创新分为不同的方面,如功能创新、原理创新、外观创新、结构创新等。创新的程度也分为很多不同的层次,有整体创新和局部创新等。对于创新性的评价应在全面查阅相关研究成果的基础上进行,绝不能自说自话,否则是没有说服力的。由于机械设计的创新目标是实际应用价值,因此,创新的评价应该实事求是,绝不能为了创新而创新,有意义的创新一定是要能够使产品产生综合性能和经济性能的提升。此外,创新是否具有先进性也是评价一个机械创新产品的重要方面,所谓先进性就是利用最先进的科学理论和技术手段来实现预定的创新目标,从而使产品发生质的进步。

(4) 经济性是否达到最佳。经济性是所有机械产品的根本,机械创新设计也一样要遵循这一规则。如果不能满足经济性要求,任何创新产品都将难以进入实际的应用领域。对机械创新产品的经济性评价应结合相关的同类产品进行比较分析,以性价比作为比较的依据,从而给出客观的评价依据。

(5) 其他综合性能指标是否达到最佳。机械产品的性能除了功能和经济性以外,还有许多辅助的性能指标,如造型、色彩、可靠性、安全性、操作性、环保性、运输性、噪声等,这些辅助指标也是衡量一个创新产品是否具有实际价值的关键方面。

在进行评价时可以是模糊的评价方法,如选择专家和用户组成的评价小组,通过口头或文字的评价方法进行评价,取得统一的评价意见;也可以通过引入定量的评价体系进行评价,可以将作品的不同方面进行归纳,建立评价指标系列,对每一个评价指标进行分数定义。比如,功能创新性:5—很好,4—好,3—一般,2—尚可,1—较差,0—差;经济性:5—很好,4—好,3—一般,2—尚可,1—较差,0—差;等等。通过这样的过程,可以将整个创新作品的综合性能通过一个具体的数值表达出来,将其与同类产品进行对比就可以实现更加直观的定量化评价。常用的评价指标系列见表 7-1。

表 7-1　常用的评价指标体系

功能创新	节能性	体积大小
原理创新	可操作性	重量大小
经济性	维修性	加工性
安全性	寿命	运输性
可靠性	色彩	标准化程度
外观性	环保性	……

下篇　机械设计常用
标准及规范

第8章 常用数据及标准

8.1 一般标准和常用数据

表8-1 图纸幅面和格式(GB/T 14689—2008)   mm

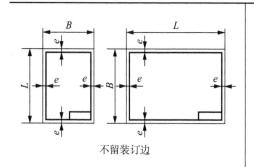

不留装订边

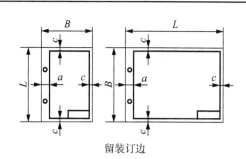

留装订边

基本幅面 (第一选择)					必要时允许选用的加长幅面					
					第二选择		第三选择			
幅面代号	$B \times L$	a	c	e	幅面代号	$B \times L$	幅面代号	$B \times L$	幅面代号	$B \times L$
A0	841×1 189			20			A0×2	1 189×1 682	A3×5	420×1 486
A1	594×841		10		A3×3	420×891	A0×3	1 189×2 523	A3×6	420×1 783
		25			A3×4	420×1 189	A1×3	841×1 783	A3×7	420×2 080
A2	420×594				A4×3	297×630	A1×4	841×2 378	A4×6	297×1 261
A3	297×420		5	10	A4×4	297×841	A2×3	594×1 261	A4×7	297×1 471
					A4×5	297×1 051	A2×4	594×1 682	A4×8	297×1 682
A4	210×297						A2×5	594×2 102	A4×9	297×1 892

注:加长幅面的图框尺寸,按所选用的基本幅面大一号的图框尺寸确定。例如,A2×3 的图框尺寸,按 A1 的图框尺寸确定,即 e 为20(或 c 为10);A3×4 的图框尺寸按 A2 的图框尺寸确定,即 e 为10(或 c 为10)。

表8-2 绘图比例规范(GB/T 14690—1993)

种类	比 例			必要时,允许选取的比例				
原值比例	1:1							
缩小比例	1:2	1:5	1:10	1:1.5	1:2.5	1:3	1:4	1:6
	$1:2 \times 10^n$	$1:5 \times 10^n$	$1:10 \times 10^n$	$1:1.5 \times 10^n$	$1:2.5 \times 10^n$	$1:3 \times 10^n$	$1:4 \times 10^n$	$1:6 \times 10^n$
放大比例	5:1	2:1		4:1	2.5:1			
	$5 \times 10^n:1$	$2 \times 10^n:1$	$1 \times 10^n:1$	$4 \times 10^n:1$	$2.5 \times 10^n:1$			

注:n 为正整数。

表 8-3　标准尺寸(直径、长度、高度等,GB/T 2822—2005)　　　　　　mm

R10	R20	R10	R20	R40	R10	R20	R40	R10	R20	R40	R10	R20	R40
1.25	1.25	12.5	12.5	12.5	40.0	40.0	40.0	125	125	125	400	400	400
	1.40			13.2			42.5			132			425
1.60	1.60		14.0	14.0		45.0	45.0		140	140			450
	1.80			15.0			47.5			150			475
2.00	2.00	16.0	16.0	16.0	50.0	50.0	50.0	160	160	160	500	500	500
	2.24			17.0			53.0			170			530
2.50	2.50		18.0	18.0		56.0	56.0		180	180		560	560
	2.80			19.0			60.0			190			600
3.15	3.15	20	20.0	20.0	63.0	63.0	63.0	200	200	200	630	630	630
	3.55			21.2			67.0			212			670
4.00	4.00		22.4	22.4		71.0	71.0		224	224		710	710
	4.50			23.6			75.0			236			750
5.00	5.00	25.0	25.0	25.0	80.0	80.0	80.0	250	250	250	800	800	800
	5.60			26.5			85.0			265			850
6.30	6.30		28.0	28.0		90.0	90.0		280	280		900	900
	7.10			30.0			95.0			300			950
8.00	8.00	31.5	31.5	31.5	100	100	100	315	315	315	1 000	1 000	1 000
	9.00			33.5			106			335			1 060
10.0	10.0		35.5	35.5		112	112		355	355		1 120	1 120
	11.2			37.5			118			375			1 180

注:(1) 本表适用于有互换性或系列化要求的尺寸,如安装、连接、配合等尺寸,决定产品系列的公称尺寸以及其他结构尺寸。

(2) 由主要尺寸导出的因变量尺寸(如 V 带轮外径、槽底直径等)和工艺上工序间的尺寸可不受本表尺寸系列的限制。

表 8-4　常用材料的密度

材料名称	密度/(g/cm³)	材料名称	密度/(g/cm³)	材料名称	密度/(g/cm³)
碳钢	7.8~7.85	铅	11.37	无填料的电木	1.2
合金钢	7.9	锡	7.29	赛璐珞	1.4
球墨铸铁	7.3	镁合金	1.74	酚醛层压板	1.3~1.45
灰铸铁	7.0	硅钢片	7.55~7.8	尼龙 6	1.13~1.14
紫铜	8.9	锡基轴承合金	7.34~7.75	尼龙 66	1.14~1.15
黄铜	8.4~8.85	铅基轴承合金	9.33~10.67	尼龙 1010	1.04~1.06
锡青铜	8.7~8.9	胶木板、纤维板	1.3~1.4	木材	0.7~0.9
无锡青铜	7.5~8.2	玻璃	2.4~2.6	石灰石	2.4~2.6
碾压磷青铜	8.8	有机玻璃	1.18~1.19	花岗石	2.6~3
冷拉青铜	8.8	矿物油	0.92	砌砖	1.9~2.3
工业用铝	2.7	橡胶石棉板	1.5~2.0	混凝土	1.8~2.45

表 8 - 5　常用材料的弹性模量和泊松比

名称	弹性模量 E/GPa	切边模量 G/GPa	柏松比 μ	名称	弹性模量 E/GPa	切边模量 G/GPa	柏松比 μ
灰铸铁、白口铸铁	115～160	45	0.23～0.27	铸铝青铜	105	42	0.25
球墨铸铁	151～160	61	0.25～0.29	硬铝青铜	71	27	
碳钢	200～220	81	0.24～0.28	冷拔黄铜	91～99	35～37	0.32～0.42
合金钢	210	81	0.25～0.3	轧制纯铜	110	40	0.31～0.34
铸钢	175	70～84	0.25～0.29	轧制锌	84	32	0.27
轧制磷青铜	115	42	0.32～0.35	轧制铝	69	26～27	0.32～0.36
轧制锰黄铜	110	40	0.35	铅	17	7	0.42

表 8 - 6　金属硬度对照值（GB/T 1172—1999）

洛氏 HRC	维氏 HV	布式 $F/D^2=30HBS$	洛氏 HRC	维氏 HV	布式 $F/D^2=30HBS$	洛氏 HRC	维氏 HV	布式 $F/D^2=30HBS$	洛氏 HRC	维氏 HV	布式 $F/D^2=30HBS$
68	909	—	55	569	—	42	404	391	29	280	276
67	879	—	54	578	—	41	393	380	28	273	269
66	850	—	53	561	—	40	381	370	27	266	263
65	822	—	52	544	—	39	371	360	26	259	257
64	795	—	51	527	—	38	360	350	25	253	251
63	770	—	50	512	—	37	350	341	24	247	245
62	745	—	49	497	—	36	340	332	23	241	240
61	721	—	48	482	—	35	331	323	22	235	234
60	698	—	47	468	449	34	321	314	21	230	229
59	676	—	46	454	436	33	313	306	20	226	225
58	655	—	45	441	424	32	304	398			
57	635	—	44	428	413	31	296	391			
56	615	—	43	416	401	30	288	283			

注：表中 F 为试验力，kgf（1 kgf=9.806 65 N）；D 为试验用球的直径，mm。

表 8 - 7　机构及摩擦副效率概略值

种类		效率 η	种类		效率 η
圆柱齿轮传动	6级和7级精度的齿轮传动（油润滑）	0.98～0.99	摩擦传动	平摩擦轮传动	0.85～0.92
	8级精度的一般齿轮传动（油润滑）	0.97		槽摩擦轮传动	0.88～0.90
	9级精度的齿轮传动（油润滑）	0.96		卷绳轮	0.95
	加工齿的开式齿轮传动（脂润滑）	0.94～0.96	联轴器	十字滑块联轴器	0.97～0.99
	铸造齿的开式齿轮传动	0.90～0.93		齿式联轴器	0.99
锥齿轮传动	6级和7级精度的齿轮传动（油润滑）	0.97～0.98		弹性联轴器	0.99～0.995
	8级精度的一般齿轮传动（油润滑）	0.94～0.97		万向联轴器（$\alpha\leqslant3°$）	0.97～0.98
	加工齿的开始齿轮传动（脂润滑）	0.92～0.95		万向联轴器（$\alpha>3°$）	0.95～0.97
	铸造齿的开式齿轮传动	0.88～0.92	滑动轴承	润滑不良	0.94（一对）
蜗杆传动	自锁蜗杆（油润滑）	0.40～0.45		润滑正常	0.97（一对）
	单头蜗杆（油润滑）	0.70～0.75		润滑正常（压力润滑）	0.98（一对）
	双头蜗杆（油润滑）	0.75～0.82		液体摩擦	0.99（一对）
	四头蜗杆（油润滑）	0.80～0.92	滚动轴承	球轴承（油润滑）	0.99（一对）
	环面蜗杆传动（油润滑）	0.85～0.95		滚子轴承（油润滑）	0.98（一对）

续表

种 类		效率 η		种 类	效率 η
带传动	平带无压紧的开式传动	0.98	卷筒		0.96
	平带有压紧的开式传动	0.97	减(变)速器	单级圆柱齿轮减速器	0.97~0.98
	平带交叉传动	0.90		双级圆柱齿轮减速器	0.95~0.96
	V带传动	0.96		行星圆柱齿轮减速器	0.95~0.98
链传动	焊接链	0.93		单级锥齿轮减速器	0.95~0.96
	片式关节链	0.95		双级圆锥-圆柱齿轮减速器	0.94~0.95
	滚子链	0.96		无级变速器	0.92~0.95
	齿形链	0.97		摆线针齿轮减速器	0.90~0.97
复滑轮组	滑动轴承($i=2\sim6$)	0.90~0.98	螺旋传动	滑动螺旋	0.30~0.60
	滚动轴承($i=2\sim6$)	0.95~0.99		滚动螺旋	0.85~0.95

表8-8　常用摩擦系数

摩擦副材料	摩擦因数 μ		摩擦副材料	摩擦因数 μ	
	无润滑	有润滑		无润滑	有润滑
钢-钢	0.1	0.05~0.1	铸铁-青铜	0.15~0.21	0.07~0.15
钢-软钢	0.2	0.1~0.2	铸铁-皮革	0.28	0.12
钢-铸铁	0.18	0.05~0.15	软钢-铸铁	0.18	0.05~0.15
钢-黄铜	0.19	0.03	软钢-青铜	0.18	0.07~0.15
钢-青铜	0.15~0.18	0.7	青铜-青铜	0.15~0.20	0.04~0.10
钢-铝	0.17	0.02	青铜-钢	0.16	
钢-轴承合金	0.2	0.04	青铜-夹布胶木	0.23	
钢-夹布胶布	0.22		铝-淬火的T8钢	0.17	0.02
铸铁-铸铁	0.15	0.07~0.12	铝-黄铜	0.27	0.02
铝-青铜	0.22		钢-粉末冶金	0.35~0.55	
铝-钢	0.30	0.02	木材-木材	0.2~0.5	0.07~0.10
铝-夹布胶木	0.26		麻绳-木材	0.5	

8.2　基本结构及标注

表8-9　中心孔(GB/T 145—2001)　　　　　　　　　　　mm

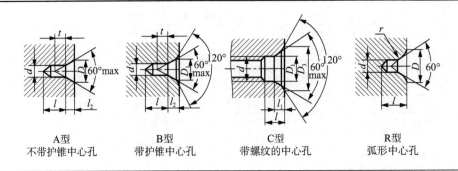

A型
不带护锥中心孔

B型
带护锥中心孔

C型
带螺纹的中心孔

R型
弧形中心孔

续表

d	D,D₁		l₂		t (参考)	l_min	r_max	r_min	d	D₁	D₃	l	l₁ (参考)	选择中心孔的参考数值		
A,B,R 型	A,R 型	B 型	A 型	B 型	A,B 型	R 型			C 型					原料端部最小直径 D₀	轴状原料最大直径 D_c	工作最大重量/t
1.6	3.35	5.00	1.52	1.99	1.4	3.5	5.0	4.0								
2.00	4.25	6.30	1.95	2.54	1.8	4.4	6.3	5.0						8	>10~18	0.12
2.50	5.30	8.00	2.42	3.20	2.2	5.5	8.0	6.3						10	>18~30	0.2
3.15	6.70	10.0	3.07	4.03	2.8	7.0	10.0	8.0	M3	3.2	5.8	2.6	1.8	12	>30~50	0.5
4.00	8.50	12.5	3.90	5.05	3.5	8.9	12.5	10.0	M4	4.3	7.4	3.2	2.1	15	>50~80	0.8
(5.00)	10.60	16.0	4.85	6.41	4.4	11.2	16.0	12.5	M5	5.3	8.8	4.0	2.4	20	>80~120	1
6.30	13.20	18.0	5.98	7.36	5.5	14.0	20.0	16.0	M6	6.4	10.5	5.0	2.8	25	>120~180	1.5
(8.00)	17.00	22.4	7.79	9.36	7.0	17.9	25.0	20.0	M8	8.4	13.2	6.0	3.3	30	>180~220	2
10.00	21.20	28.0	9.70	11.66	8.7	22.5	31.5	25.0	M10	10.5	16.3	7.5	3.8	35	>180~220	2.5
									M12	13.0	19.8	9.5	4.4	42	>220~260	3

注:(1) A 型和 B 型中心孔的尺寸 l 取决于中心钻孔的长度,此值不应小于 t 值。

(2) 括号内的尺寸尽量不采用。

(3) 选择中心孔的参考数值不属 GB/T 145 的内容,仅供参考。

表 8-10　中心孔的标注方法(GB/T 4459.5—1999)

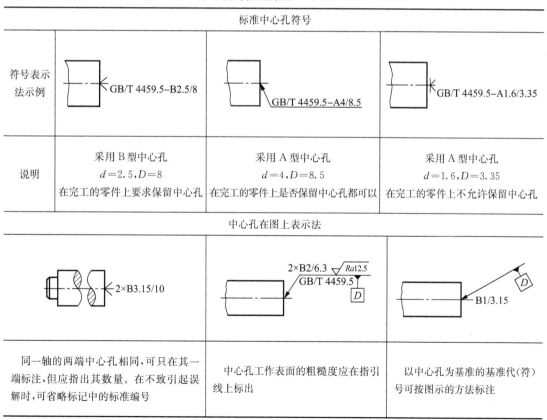

标准中心孔符号		
符号表示法示例	GB/T 4459.5-B2.5/8	GB/T 4459.5-A4/8.5	GB/T 4459.5-A1.6/3.35
说明	采用 B 型中心孔 d=2.5,D=8 在完工的零件上要求保留中心孔	采用 A 型中心孔 d=4,D=8.5 在完工的零件上是否保留中心孔都可以	采用 A 型中心孔 d=1.6,D=3.35 在完工的零件上不允许保留中心孔

中心孔在图上表示法

2×B3.15/10	2×B2/6.3 GB/T 4459.5 D	B1/3.15 D
同一轴的两端中心孔相同,可只在其一端标注,但应指出其数量。在不致引起误解时,可省略标记中的标准编号	中心孔工作表面的粗糙度应在指引线上标出	以中心孔为基准的基准代(符)号可按图示的方法标注

表 8 - 11　倒角及圆角(GB/T 6403.4—2008)　　　　　　　　　mm

直径 d			>10 ~18	>18 ~30	>30~50		>50 ~80	>80 ~120	>120 ~180
R 和 C			0.8	1.0	1.2	1.6	2.0	2.5	3.0
C_1			1.2	1.6	1.6	2.0	2.5	3.0	4.0

注:(1) 与滚动轴承相配合的轴及轴承座孔处的圆角半径参见表 13 - 2～表 13 - 6 中的安装尺寸 r_a。

(2) α 一般采用 45°，也可以采用 30°或 60°。

(3) C_1 的数值不属于 GB/T 6403.4—2008,仅供参考。

表 8 - 12　砂轮越程槽(GB/T 6403.5—2008)　　　　　　　　　mm

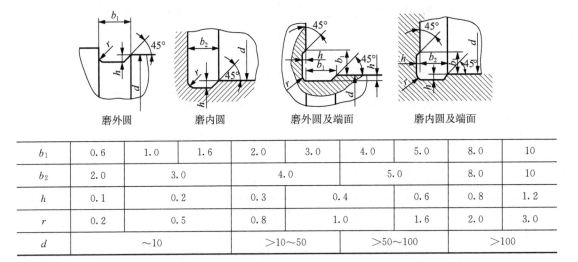

磨外圆　　　　磨内圆　　　　磨外圆及端面　　　　磨内圆及端面

b_1	0.6	1.0	1.6	2.0	3.0	4.0	5.0	8.0	10
b_2	2.0	3.0		4.0		5.0		8.0	10
h	0.1	0.2		0.3	0.4		0.6	0.8	1.2
r	0.2	0.5		0.8	1.0		1.6	2.0	3.0
d	～10			>10~50		>50~100		>100	

表 8 - 13　螺纹收尾、肩距、退刀槽、倒角(GB/T 3—1997)　　　　　　　　　mm

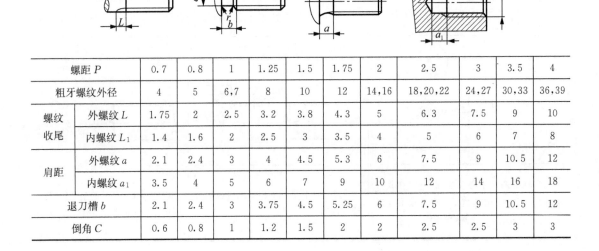

螺距 P		0.7	0.8	1	1.25	1.5	1.75	2	2.5	3	3.5	4
粗牙螺纹外径		4	5	6,7	8	10	12	14,16	18,20,22	24,27	30,33	36,39
螺纹收尾	外螺纹 L	1.75	2	2.5	3.2	3.8	4.3	5	6.3	7.5	9	10
	内螺纹 L_1	1.4	1.6	2	2.5	3	3.5	4	5	6	7	8
肩距	外螺纹 a	2.1	2.4	3	4	4.5	5.3	6	7.5	9	10.5	12
	内螺纹 a_1	3.5	4	5	6	7	9	10	12	14	16	18
退刀槽 b		2.1	2.4	3	3.75	4.5	5.25	6	7.5	9	10.5	12
倒角 C		0.6	0.8	1	1.2	1.5	2	2	2.5	2.5	3	3

表 8 - 14　铸件最小壁厚　　　　　　　　　mm

铸造方法	铸造尺寸	铸钢	灰铸铁	球墨铸铁	可锻铸铁	铝合金	铜合金
砂型	$<200\times200$	8	～6	6	5	3	3～5
	$200\times200\sim500\times500$	10～12	$>6\sim10$	12	8	4	6～8
	$>500\times500$	15～20	15～20			6	

表 8 - 15　铸造斜度(JB/ZQ 4257—1986)

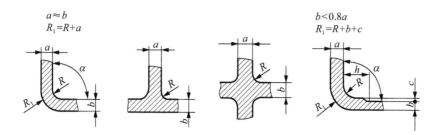

斜度 $b:h$	角度 β	使用范围
1 : 5	11°30′	$h<25$ mm 时钢和铁的铸件
1 : 10	5°30′	$h=25\sim500$ mm 时钢和铁的铸件
1 : 20	3°	
1 : 50	1°	$h>500$ mm 时钢和铁的铸件
1 : 100	30′	有色金属铸件

注:当设计不同壁厚的铸件时,在转折点处的斜度最大还可增大到30°～45°。

表 8 - 16　铸造过渡斜度(JB/ZQ 4254—2006)　　　　　　　　　mm

铸铁和铸钢件壁厚 δ	K	h	R
10～15	3	15	5
$>15\sim20$	4	20	5
$>20\sim25$	5	25	5
$>25\sim30$	6	30	8
$>30\sim35$	7	35	8
$>35\sim40$	8	40	10
$>40\sim45$	9	45	10
$>45\sim50$	10	50	10

适用于变速箱、连接管、汽缸及其他连接法兰

表 8 - 17　铸造内圆角(JB/ZQ 4255—2006)　　　　　　　　　mm

$a\approx b$
$R_1=R+a$

$b<0.8a$
$R_1=R+b+c$

$\dfrac{a+b}{2}$	R											
	内圆角 α											
	$<50°$		$51°\sim75°$		$76°\sim105°$		$106°\sim135°$		$136°\sim165°$		$>165°$	
	钢	铁	钢	铁	钢	铁	钢	铁	钢	铁	钢	铁
$\leqslant8$	4	4	4	4	6	4	8	6	16	10	20	16
9～12	4	4	4	4	6	6	10	8	16	12	25	20
13～16	4	4	6	4	8	6	12	10	20	16	30	25

续表

$\dfrac{a+b}{2}$	R											
	内圆角α											
	<50°		51°~75°		76°~105°		106°~135°		136°~165°		>165°	
	钢	铁	钢	铁	钢	铁	钢	铁	钢	铁	钢	铁
17~20	6	4	8	6	10	8	16	12	25	20	40	30
21~27	6	6	10	8	12	10	20	16	30	25	50	30
28~35	8	6	12	10	16	12	25	20	40	30	60	50

c 和 h				
b/a	<0.4	0.5~0.65	0.66~0.8	>0.8
$c\approx$	$0.7(a-b)$	$0.8(a-b)$	$a-b$	—
$h\approx$　钢	8c			
铁	9c			

表 8-18　铸造外圆角(JB/ZQ 4256—2006)　　　　　　mm

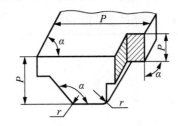

表明的最小边 尺寸 P	r					
	外圆角α					
	<50°	51°~75°	76°~105°	106°~135°	136°~165°	>165°
≤25	2	2	2	4	6	8
>25~60	2	4	4	6	10	16
>60~160	4	4	6	8	16	25
>160~250	4	6	8	12	20	30
>250~400	6	8	10	16	25	40
>400~600	6	8	12	20	30	50

第9章 常用机械材料

表9-1 常用机械工程材料

金属材料	非金属材料
碳钢 铸铁 合金钢 铝、铜、锌等有色金属及其合金 ……	塑料 尼龙 聚四氟乙烯 胶木 ……

表9-2 常用热处理方法

退火 正火 调质 表面淬火和回火 感应淬火和回火 火焰淬火和回火	淬火 空冷淬火 油冷淬火 水冷淬火 感应加热淬火 淬火和回火	渗碳 固体渗碳 液体渗碳 气体渗碳 渗氮 氮碳共渗

表9-3 灰铸铁牌号及性能(GB/T 9439—2010)

牌号	铸件壁厚/mm		最小抗拉强度 σ_b/MPa	硬度 HBS	应用举例
	大于	至			
HT100	2.5	10	130	110~166	盖、外罩、油盘、手轮、手把、支架等
	10	20	100	93~140	
	20	30	90	87~131	
	30	50	80	82~122	
HT150	2.5	10	175	137~205	端盖、汽轮泵体、轴承座、阀壳、管子及管路附件、手轮、一般机床底座、床身及其他复杂零件、滑座、工作台等
	10	20	145	119~179	
	20	30	130	110~166	
	30	50	120	141~157	
HT200	2.5	10	200	157~236	气缸、齿轮、底架、箱体、飞轮、齿条、衬筒、一般机床铸有导轨的床身及中等压力(8 MPa 以下)油缸、液压泵和阀的壳体等
	10	20	195	148~222	
	20	30	170	134~200	
	30	50	160	128~192	
HT250	4.0	10	270	175~262	阀壳、油缸、气缸、联轴器、箱体、齿轮、齿轮箱、外壳、飞轮、衬筒、凸轮、轴承座等
	10	20	240	164~246	
	20	30	220	157~236	
	30	50	200	150~225	
HT300	10	20	290	182~272	齿轮、凸轮、车床卡盘、剪床、压力机的机身、导板、转塔自动车床及其他重负荷机床铸有导轨的床身、高压油缸、液压泵和滑阀的壳体等
	20	30	250	168~251	
	30	50	230	161~241	
HT350	10	20	340	199~299	
	20	30	290	182~272	
	30	50	260	171~257	

注:灰铸铁的硬度,由经验关系公式计算得到。

表 9-4　球墨铸铁牌号及性能(GB/T 1348—2009)

牌号	抗拉强度 σ_b	屈服强度 $\sigma_{0.2}$	伸长率 $\delta/\%$	供参考	用　途
	/MPa			布氏硬度 /HBS	
	最小值				
QT400-18	400	250	18	130～180	减速器箱体、管路、阀体、阀盖、压缩机气缸、拨叉、离合器等
QT400-15	400	250	15	130～180	
QT450-10	450	310	10	160～210	油泵齿轮、阀门体、车辆轴瓦、凸轮、犁铧、减速器箱体、轴承座等
QT500-7	500	320	7	170～230	
QT600-3	600	370	3	190～270	曲轴、凸轮轴、齿轮轴、机床主轴、缸体、缸套、连杆、矿车轮、农机零件等
QT700-2	700	420	2	225～305	
QT800-2	800	480	2	245～335	
QT900-2	900	600	2	280～360	曲轴、凸轮轴、连杆、履带式拖拉机链轨板等

注:表中牌号系由单铸件试块测定的性能。

表 9-5　铸钢牌号及性能(GB/T 11352—2009)

牌号	抗拉强度 σ_b	屈服强度 σ_s 或 $\sigma_{0.2}$	伸长率 δ	根据合同选择		硬度		应用举例
				收缩率 ψ	冲击功 A_{KV}	正火回火 HBS	表面淬火 HRC	
	/MPa		/%		/J			
	最小值							
ZG200-400	400	200	25	40	30			各种形状的机件,如机座、变速箱壳等
ZG230-450	450	230	22	32	25	≥131		铸造平坦的零件,如机座、机箱、箱体、铁砧台,工作温度在450℃以下的管路附件等。焊接性能良好
ZG270-500	500	270	18	25	22	≥143	40～45	各种形状的机件,如飞轮、机架、蒸汽锤、桩锤、联轴器、水压机工作缸、横梁等。焊接性能尚可
ZG310-570	570	310	15	21	15	≥153	40～50	各种形状的机件,如联轴器、气缸、齿轮、齿轮圈及重负荷机架等
ZG340-640	640	340	10	18	10	169～229	45～55	起重运输机中的齿轮、联轴器及重要的机件等

注:表中硬度值非 GB/T 11352 内容,仅供参考。

表 9-6　普通碳素结构钢牌号及性能(GB/T 700—2006)

牌号	等级	屈服强度 R_{eH}/MPa, 不小于 钢材厚度(直径)/mm						抗拉强度 R_m/MPa	断后伸长率 A/%, 不小于 钢材厚度(直径)/mm					冲击试验 温度/℃	V型冲击吸收功/J(纵向)	应用举例
		≤16	>16~40	>40~60	>60~100	>100~150	>150~200		≤40	>40~60	>60~100	>100~150	>150~200		不小于	
Q195	—	195	185	—	—	—	—	315~430	33	—	—	—	—	—	—	受轻负载的机件、铆钉、螺钉、垫片、外壳、轴、凸轮及焊制件
Q215	A	215	205	195	185	175	165	335~450	31	30	29	27	26	—	—	受轻负载的机件、铆钉、螺钉、垫片、外壳、轴、凸轮及焊制件
Q215	B	215	205	195	185	175	165	335~450	31	30	29	27	26	20	27	
Q235	A	235	225	215	205	195	185	370~500	26	25	24	22	21	—	—	螺栓、螺钉、螺母、拉杆、钩、连杆、锲、轴及焊制件
Q235	B	235	225	215	205	195	185	370~500	26	25	24	22	21	20	27	
Q235	C	235	225	215	205	195	185	370~500	26	25	24	22	21	0	27	
Q235	D	235	225	215	205	195	185	370~500	26	25	24	22	21	—20	27	
Q275	A	275	265	255	245	225	215	410~540	22	21	20	18	17	—	—	轴、销、螺钉
Q275	B	275	265	255	245	225	215	410~540	22	21	20	18	17	20	27	
Q275	C	275	265	255	245	225	215	410~540	22	21	20	18	17	0	27	
Q275	D	275	265	255	245	225	215	410~540	22	21	20	18	17	—20	27	

注：Q195 的屈服强度值仅供参考，不作为交货条件。

表 9-7　优质碳素结构钢牌号及性能(GB/T 699—2015)

牌号	推荐热处理/℃			机械性能					应用举例
	正火	淬火	回火	σ_b/MPa	σ_s/MPa	δ_s/%	ψ/%	A_K/J	
				最小值					
08	930	—	—	325	195	33	60	—	吊钩、钣金件、冲压件、垫片、垫圈、套筒等
20	910	—	—	410	245	25	55	—	拉杆、杠杆、轴套、吊钩,并可进行渗碳处理
30	880	860	600	490	295	21	50	63	销、转轴、螺栓、螺母、杠杆、链轮、套杯等
35	870	850	600	530	315	20	45	55	
40	860	840	600	570	335	19	45	47	齿轮、轴、齿条、键、销、链轮等
45	850	840	600	600	355	16	40	39	
55	820	—	—	645	380	13	35	—	齿轮、轴、轧辊、扁弹簧、轮圈、轮缘等
25Mn	900	870	600	490	295	22	50	71	连杆、联轴器凸轮、齿轮、链轮等
40Mn	860	840	600	590	355	17	45	47	齿轮、螺栓、螺母、轴、拉杆等
50Mn	830	830	600	645	390	13	40	31	轴、齿轮、凸轮、摩擦盘等
65Mn	830	—	—	735	430	9	30	—	弹簧、弹簧垫圈、卡簧等

注：(1) 表中所列机械性能均为试件毛坯尺寸为 25 mm 时的数值。

(2) 表中所推荐热处理保温时间为：正火和淬火不得少于 30 min；回火不得少于 1 h。

表9-8　常用轧制钢板的规格(GB/T 708—1988 和 GB/T 709—1988)　　mm

公称厚度	冷轧 GB/T 708—1988												
	0.20	0.25	0.30	0.35	0.40	0.45	0.55	0.60	0.65	0.70	0.75	0.80	0.90
	1.0	1.1	1.2	1.3	1.4	1.5	1.6	1.7	1.8	2.0	2.2	2.5	2.8
	3.0	3.2	3.5	3.8	3.0	4.0	4.0	4.5	4.8	5.0			

公称厚度	热轧 GB/T 709—1988														
	0.50	0.55	0.60	0.65	0.70	0.75	0.80	0.90	1.0	1.2	1.3	1.4	1.5	1.6	1.8
	2.0	2.2	2.5	2.8	3.0	3.2	3.5	3.8	3.9	4.0	4.5	5	6	7	8
	9	10	11	12	13	14	15	16	17	18	19	20	21	22	25
	26	28	30	32	34	36	38	40	42	45	48	50	52	55	~110 (5进位)
	120	125	130	140	150	160	165	170	180	185	190	195	200		

注:钢板宽度为 50 mm 或 10 mm 的倍数,但钢板长度≥600 mm,钢板长度为 100 mm 或 50 mm 的倍数,当厚度≤4 mm 时,长度≥1.2 m;厚度>4 mm 时,长度≥2 m。

表9-9　钢的热处理方法及应用说明

名　称	说　明	应　用
退火(焖火)	退火是将钢件加热到临界温度以上 30～50℃,保温一段时间,然后再缓缓地冷却下来(一般用炉冷)	用来消除铸、锻、焊零件的内应力,降低硬度,以易于切削加工,细化金属晶粒,改善组织,增加韧度
正火(正常化)	正火是将钢件加热到临界温度以上 30～50℃,保温一段时间,然后在空气中冷却,冷却速度比退火快	用来处理低碳和中碳结构钢材及渗碳零件,使其组织细化,增加强度及韧度,减小内应力,改善切削性能
淬火	淬火时将钢件加热到临界点以上温度,保温一段时间,然后放入水、盐水或油中(个别材料在空气中)急剧冷却,使其得到高硬度	用来提高钢的硬度和强度极限,但淬火时会引起内应力使钢变脆,所以淬火后必须回火
回火	回火是将淬硬的钢件加热到临界点以下的某一温度,保温一段时间,然后在空气或油中冷却下来	用来消除淬火后的性能和内应力,提高钢的塑性和冲击韧度
调质	淬火后高温回火	用来使钢获得高的韧度和足够的强度,很多重要零件是经过调质处理的
表面淬火	仅对零件表层进行淬火,使零件表层有高的硬度和耐磨性,而芯部保持原有的强度和韧度	常用来处理轮齿的表面
渗碳	使表面增碳,渗碳层深度 0.4～6 mm 或＞6 mm,硬度为 56～65 HRC	增加钢件的耐磨性能、表面硬度、抗拉强度及疲劳极限,适用于低碳、中碳(w_c<0.40%)结构钢的中小型零件和大型的中载荷、受冲击、耐磨的零件
碳氮共渗	使表面增加碳和氮,扩散层深度较浅,为 0.02～3.0 mm;硬度高,在共渗层为 0.02～0.04 mm 时具有 66～70 HRC	增加结构钢、工具钢制作件的耐磨性能、表面硬度和疲劳极限,提高刀具切削性能和使用寿命,适用于要求硬度高、耐磨的中小型及薄片的零件和刀具等
渗氮	表面增氮,氮化层为 0.025～0.8 mm,而渗氮时间需 45～50 h,硬度很高(1 200 HV),耐磨、抗腐蚀性高	增加钢件的耐磨性能、表面硬度、疲劳极限和抗蚀能力,适用于结构钢和铸铁件,如气缸套、气门座、机床主轴、丝杠等耐磨零件,以及在潮湿碱水和燃烧气体介质的环境中工作的零件,如水泵轴、排气阀等零件

表9-10 常用有色金属材料牌号及性能(GB/T 1176—2013、GB/T 1173—2013、GB/T 1174—1992)

合金牌号	合金名称(或代号)	铸造方法	合金状态	力学性能				应用举例
				抗拉强度 σ_b /MPa	屈服强度 $\sigma_{0.2}$ /MPa	伸长率 δ_s /%	布氏硬度 HBS	
铸造铜合金								
ZCuSn5Pb5Zn5	5-5-5 锡青铜	S,J		200	90	13	59	较高载荷、中速下工作的耐磨耐蚀件,如轴瓦、衬套及蜗轮等
		Li、La		250	100		63	
ZCuSn10P1	10-1 锡青铜	S		220	130	3	78	高载荷(20 MPa以下)和高滑动速度(8 m/s)下工作的耐磨件,如连杆、衬套、轴瓦、蜗轮等
		J		310	170	2	88	
		Li		330	170	4	88	
		La		360	170	6	88	
ZCuSn10Pb5	10-5 锡青铜	S		195		10	68	耐蚀、耐酸件及破碎机衬套、轴瓦等
		J		245				
ZCuPb17Sn4Zn4	17-4-4 铅青铜	S		150		5	54	一般耐磨件、轴承等
		J		175		7	59	
ZCuAl10Fe3	10-3 铝青铜	S		490	180	13	98	要求强度高、耐磨、耐蚀的零件,如轴套、螺母、蜗轮、齿轮等
		J		540	200	15	108	
		Li、La		540	200	15	108	
ZCuAl10Fe3Mn2	10-3-2 铝青铜	S		490		15	108	
		J		540		20	117	
ZCuZn38	38 黄铜	S		295		30	59	一般结构件和耐蚀件,如法兰、阀座、螺母等
		J					68	
ZCuZn40Pb2	40-2 铅黄铜	S		220	120	15	78	一般用途的耐磨、耐蚀件,如轴套、齿轮等
		J		280		20	88	
ZCuZn38Mn2Pb2	38-2-2 锰黄铜	S		245		10	68	一般用途的结构件,如套筒、衬套、轴瓦、滑块等
		J		345		18	78	
ZCuZn16Si4	16-4 硅黄铜	S		345		15	88	接触海水工作的管配件,以及水泵、叶轮等
		J		390		20	98	
铸造铝合金								
ZAlSi2	ZL102 铝硅合金	SB、JB、RB、KB	F	145		4	50	气缸活塞以及高温工作的承受冲击载荷的复杂薄壁零件
			T2	135				
		J	F	155		2		
			T2	145		3		
ZAlSi9Mg	ZL104 铝硅合金	S、J、R、K	F	145		2	50	形状复杂的高温静载荷或受冲击作用的大型零件,如扇风机叶片、水冷气缸头
		J	T1	195		1.5	65	
		SB、RB、KB	T6	225		2	70	
		J、JB	T6	235		2	70	
ZAlMg5Si1	ZL303 铝镁合金	S、J、R、K	F	145		1	55	高耐蚀性或在高温度下工作的零件
ZAlZn11Si7	ZL401 铝锌合金	S、J、R、K	T1	195		2	80	铸造性能较好,可不热处理,用于形状复杂的大型薄壁零件,耐蚀性差
				245		1.5	90	

续表

合金牌号	合金名称(或代号)	铸造方法	合金状态	力学性能			布氏硬度 HBS	应用举例
				抗拉强度 σ_b	屈服强度 $\sigma_{0.2}$	伸长率 δ_s		
				/MPa		/%		
铸造轴承合金								
ZSnSb12Pb10Cu4	锡基轴承合金	J					29	汽轮机、压缩机、机车、发动机、球磨机、轧机减速器等各种机器的滑动轴承
ZSnSb11Cu6		J					27	
ZSnSb8Cu4		J					24	
ZPbSb16Sn16Cu2	铅基轴承合金	J					30	
ZPbSb15Sn10		J					24	
ZPbSb15Sn5		J					20	

注:(1) 铸造方法代号:S—砂型铸造;J—金属型铸造;Li—离心铸造;La—连续铸造;R—熔模铸造;K—壳型铸造;B—变质处理。
　　(2) 合金状态代号:F—铸态;T1—人工时效;T2—退火;T6—固溶处理加人工完全失效。

表 9-11　轴的常用材料及其主要力学性能

材料牌号	热处理	毛坯直径/mm	硬度 HB	抗拉强度	屈服极限	弯曲疲劳极限	扭转疲劳极限	许用净应力	许用疲劳应力	备注
				/MPa,不小于				/MPa	/MPa	
Q235	正火			440	240	180	105	176	120~138	用于不重要或载荷不大的轴
20	正火	25	≤156	420	250	180	100	168	120~138	用于载荷不大,要求韧性较高的轴
	正火回火	≤100	103~156	400	220	165	95	160	110~127	
		>100~300		380	200	155	90	152	103~119	
		>300~500		370	190	150	85	148	100~115	
		>500~700		360	180	145	80	144	96~111	
35	正火	25	≤187	540	320	230	130	216	153~176	应用较广泛
	正火回火	≤100	149~187	520	270	210	120	208	140~161	
		>100~300		500	260	205	115	200	136~158	
		>300~500	143~187	480	240	190	110	192	126~146	
		>500~750	137~187	460	230	185	105	184	123~142	
		>750~1 000		440	220	175	100	176	116~134	
	调质	≤100	156~207	560	300	230	130	224	153~177	
		>100~300		540	280	220	125	216	146~165	
45	正火	25	≤241	610	360	260	150	244	173~200	应用最广泛
	正火回火	≤100	170~217	600	300	240	140	240	160~184	
		>100~300		580	290	235	135	238	156~180	
		>300~500	162~217	560	280	225	130	224	150~173	
		>500~750	156~217	540	270	215	125	216	143~165	
	调质	≤200	217~255	650	360	270	155	260	180~207	

续表

材料牌号	热处理	毛坯直径/mm	硬度 HB	抗拉强度	屈服极限	弯曲疲劳极限	扭转疲劳极限	许用净应力	许用疲劳应力	备注
				/MPa,不小于				/MPa	/MPa	
40Cr	调质	25		1 000	800	485	280	400	269~323	用于载荷较大,而无很大冲击的重要轴
		≤100	241~286	750	550	350	200	300	194~233	
		>100~300		700	500	320	185	280	177~213	
		>300~500	229~269	650	450	295	170	260	163~196	
		>500~800	217~255	600	350	255	145	240	170~196	
35SiMn 42SiMn	调质	25		900	750	445	255	360	178~247	性能接近40Cr,用于中小型轴
		≤100	229~286	800	520	355	205	320	197~236	
		>100~300	217~269	750	450	320	185	300	213~246	
		>300~400	217~255	700	400	295	170	280	196~227	
		>400~500	196~255	650	380	275	160	260	183~211	
40MnB	调质	25		1 000	800	485	280	400	269~323	性能接近40Cr,用于重要的轴
		≤200	241~286	750	500	335	195	300	186~223	
40CrNi	调质	25		1 000	800	485	280	400	269~323	用于很重要的轴
35CrMo	调质	25		1 000	850	500	285	400	200~277	性能接近于40CrNi,用于重载荷的轴
		≤100		750	550	350	200	300	194~233	
		>100~300	207~269	700	500	320	185	280	177~213	
		>300~500		650	450	295	170	260	163~196	
		>500~800		600	400	270	155	240	150~180	
38SiMnMo	调质	≤100	229~286	750	600	360	210	300	200~240	性能接近于35SiMn
		>100~300	217~269	700	550	335	195	280	186~223	
		>300~500	196~241	650	500	310	175	260	172~206	
		>500~800	187~241	600	400	270	155	240	150~180	
37SiMn2MoV	调质	25		1 000	850	495	285	400	198~275	用于高强度、大尺寸及重载荷的轴
		≤200	269~302	880	700	425	245	352	236~283	
		>200~400	241~286	830	650	395	230	332	219~263	
		>400~600	241~269	780	600	370	215	312	205~246	
38CrMoAlA	调质	30	229	1 000	850	495	285	400	198~275	用于要求高耐磨性、高强度且热处理变形很小的(氮化)轴
20Cr	渗碳淬火回火	15	表面 56~62 HRC	850	550	375	215	340	208~250	用于要求强度和韧性均高的轴(如某些齿轮轴、蜗杆等)
		30		650	400	280	160	260	155~186	
		≤60		650	400	280	160	260	155~186	
20CrMnTi	渗碳淬火回火	15	表面 56~62 HRC	1 100	850	525	300	440	291~350	

续表

材料牌号	热处理	毛坯直径/mm	硬度 HB	抗拉强度	屈服极限	弯曲疲劳极限	扭转疲劳极限	许用净应力	许用疲劳应力	备注
				/MPa,不小于				/MPa	/MPa	
1Cr13	调质	≤60	187~217	600	420	275	155	240	152~183	用于在腐蚀条件下工作的轴
2Cr13	调质	≤100	197~248	660	450	295	170	264	163~196	
1Cr18Ni9Ti	淬火	≤60	≤192	550	220	205	120	220	136~157	用于在高、低温及强腐蚀条件下工作的轴
		>60~180		540	200	195	115	216	130~150	
		>180~200		500	200	185	105	200	123~142	
QT400-15			156~197	400	300	145	125	100		用于结构形状复杂的轴
QT450-10			170~207	450	330	160	140	112		
QT500-7			187~255	500	380	180	155	125		
QT600-3			197~269	600	420	215	185	150		

表 9-12 常用工程塑料性能

品种		机械性能							热性能				应用举例
		抗拉强度/MPa	抗压强度/MPa	抗弯强度/MPa	延伸率/%	冲击值/(kJ/m²)	弹性模量/($\times 10^3$ MPa)	硬度/HRR	熔点/℃	马丁耐热/℃	脆化温度/℃	线胀系数/($\times 10^{-5}$ MPa)	
尼龙6	干态	55	88.2	98	150	带缺口 3	0.254	114	215~223	40~50	-20~-30	7.9~8.7	机械强度和耐磨性优良,广泛用作机械、化工及电气零件,如轴承、齿轮、凸轮、蜗轮、螺钉、螺母、垫圈等。尼龙粉喷涂于零件表面,可提高耐磨性和密封性
	含水	72~76.4	58.2	68.8	250	>53.4	0.813	85					
尼龙66	干态	46	117	98~107.8	60	3.8	0.313~0.323	118	265	50~60	50~60	9.1~10	
	含水	81.3	88.2		200	13.5	0.137	100					
MC尼龙(无填充)		90	105	156	20	无缺口 0.520~0.624	3.6 (拉伸)	HBS 21.3		55		8.3	强度好,用于制造大型齿轮、蜗轮、轴套、滚动轴承保持架、导轨、大型阀门密封面等
聚甲醛(POM)		69 (屈服)	125	96	15	带缺口 0.007 6	2.9 (弯曲)	HBS 17.2		60~64		8.1~10.0 (温度在0~40℃)	有良好的摩擦磨损性能,干摩擦性能更优,可制造轴承、齿轮、凸轮、滚轮、辊子、垫圈、垫片等
聚碳酸酯(PC)		65~69	82~86	104	100	带缺口 0.064~0.075	2.2~2.5 (拉伸)	HBS 9.7~10.4	220~230	110~130	-100	6~7	有高的冲击韧性和优异的尺寸稳定性,可制作齿轮、蜗轮、蜗杆、齿条、凸轮、心轴、轴承、滑轮、铰链、传动链、螺栓、螺母、垫圈、铆钉、泵叶轮等

第10章 公差配合、形位公差、表面粗糙度

10.1 公差与配合

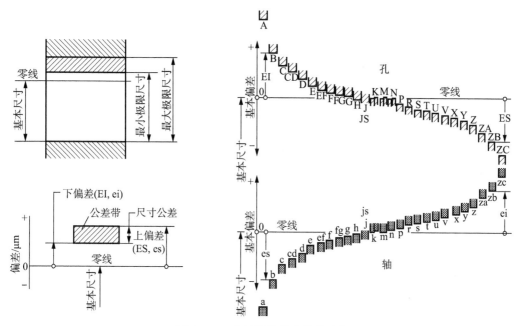

图 10-1 公差带及基本偏差示意

表 10-1 常用优先配合及应用

基孔制配合特性	轴的基本偏差	使 用 特 点	应 用 举 例
配合间隙很大	d	适用松的转动配合	H9/d9 用于温度变化大、高速或轴颈压力大时的配合,精度较低的轴、孔的配合
配合间隙较大	e	适用于要求有明显间隙,易于转动的支撑配合	H8/e7 用于大电机的高速轴与滑动轴承的配合。H8/e8 用于柴油机的凸轮轴与轴承、传动带的导轮与轴的配合。H9/e9 用于含油轴承与座孔的配合,粗糙机构中衬套与轴承外圈配合
配合间隙中等	f	适用 IT6～IT8 级的一般转动的配合	H7/f6 用于机床中一般轴与滑动轴承的配合。H8/f8 用于跨距较大或多支承的传动轴和轴承的配合。H8/f7 用于蜗轮减速器的轴承端盖与孔、离合器活动爪与轴的配合
配合间隙较小	g	适用于相对运动速度不高或不回转的精密定位配合	H8/g7 用于柴油机挺杆与气缸体的配合。H7/g6 用于矩形花键定心直径、可换钻套与钻模板的配合

续表

基孔制配合特性	轴的基本偏差	使 用 特 点	应 用 举 例
配合间隙很小	h	适用于常拆卸或在调整时需移动或转动的连接处,或对同轴度有一定要求的孔轴配合	H7/h7、H8/h7 用于离合器与轴的配合,滑移齿轮与轴的配合。H8/h8 用于一般齿轮和轴、减速器中轴承盖和座孔、剖分式滑动轴承壳和轴瓦的配合。H10/h10、H11/h11 用于对开轴瓦和轴承座的配合
过盈概率<25%	j js	适用于频繁拆卸、同轴度要求较高的配合	H7/js6 用于减速器中齿轮和轴、轴承套杆与座孔、精密仪器与仪表中轴和轴承的配合。H8/js7 用于减速器中齿轮和轴的配合
过盈概率<55%	k	适用于不大的冲击载荷处,同轴度高、常拆卸处	H7/k6 用于减速器齿轮和轴、轻载荷和正常载荷的滚动轴承旋转圈的配合、中型电机轴与联轴器或带轮的配合。H8/k7 用于压缩机连杆孔与十字头销的配合
过盈概率<65%	m	适用于紧密配合和不经常拆卸的配合	H7/m6 用于齿轮孔与轴、定位销与孔的配合,正常载荷滚动轴承旋转套圈的配合。H8/m7 用于升降机构中的轴与孔的配合
过盈概率<85%	n	适用于大转矩、振动及冲击、不经常拆卸的配合	H7/n6 用于链轮轮缘与轮芯、减速器中传动零件与轴、圆柱销与孔的配合,重负荷滚动轴承旋转套圈的配合。H8/n7 用于安全联轴器销钉和套的配合
轻型压入配合	p	用于不拆卸轻型过盈连接,不依靠配合过盈量传递载荷	H7/p6 用于冲击振动的重负荷的齿轮和轴、凸轮轴与孔的配合。H8/p7 用于升降机用蜗轮的轮缘和轮芯的配合
	r		H7/r6 用于重载齿轮与轴、蜗轮青铜轮缘与轮芯、轴和联轴器、可换铰套与铰模板的配合

注:本表不属标准内容,仅供参考。

表 10-2　常用加工方法对应的公差等级

加工方法	公 差 等 级 (IT)												
	4	5	6	7	8	9	10	11	12	13	14	15	16
珩	■	■	■	■									
圆磨、平磨		■	■	■	■								
拉削		■	■	■	■								
铰孔			■	■	■	■	■						
车、镗				■	■	■	■	■					
铣					■	■	■	■					
刨、插							■	■					
钻孔							■	■	■				
冲压							■	■	■	■	■		
砂型铸造、气割												■	■
锻造												■	■

表 10-3　标准公差数值(GB/T 1800.2—2009)

基本尺寸/mm		标准公差等级																	
		IT1	IT2	IT3	IT4	IT5	IT6	IT7	IT8	IT9	IT10	IT11	IT12	IT13	IT14	IT15	IT16	IT17	IT18
大于	至	/μm																	
—	3	0.8	1.2	2	3	4	6	10	14	25	40	60	0.1	0.14	0.25	0.4	0.6	1	1.4
3	6	1	1.5	2.5	4	5	8	12	18	30	48	75	0.12	0.18	0.3	0.48	0.75	1.2	1.8
6	10	1	1.5	2.5	4	6	9	15	22	36	58	90	0.15	0.22	0.36	0.58	0.9	1.5	2.2
10	18	1.2	2	3	5	8	11	18	27	43	70	110	0.18	0.27	0.43	0.7	1.1	1.8	2.7
18	30	1.5	2.5	4	6	9	13	21	33	52	84	130	0.21	0.33	0.52	0.84	1.3	2.1	3.3
30	50	1.5	2.5	4	7	11	16	25	39	62	100	160	0.25	0.39	0.62	1	16	2.5	3.9
50	80	2	3	5	8	13	19	30	46	74	120	190	0.3	0.46	0.74	1.2	1.9	3	4.6
80	120	2.5	4	6	10	15	22	35	54	87	140	220	0.35	0.54	0.87	1.4	2.2	3.5	5.4
120	180	3.5	5	8	12	18	25	40	63	100	160	250	0.4	0.63	1	1.6	2.5	4	6.3
180	250	4.5	7	10	14	20	29	46	72	115	185	290	0.46	0.72	1.15	1.85	2.9	4.6	7.2
250	315	6	8	12	16	23	32	52	81	130	210	320	0.52	0.81	1.3	2.1	3.2	5.2	8.1
315	400	7	9	13	18	25	36	57	89	140	230	360	0.57	0.89	1.4	2.3	3.6	5.7	8.9
400	500	8	10	15	20	27	40	63	97	155	250	400	0.63	0.97	1.55	2.5	4	6.3	9.7
500	630	9	11	16	22	32	44	70	110	175	280	440	0.7	1.1	1.75	2.8	4.4	7	11
630	800	10	13	18	25	36	50	80	125	200	320	500	0.8	1.5	2	3.2	5	8	12.5
800	1 000	11	15	21	28	40	56	90	140	230	360	560	0.9	1.4	2.3	3.6	5.6	9	14
1 000	1 250	13	18	24	33	47	66	105	165	260	420	660	1.05	1.65	2.6	4.2	6.6	10.5	16.5
1 250	1 600	15	21	29	39	55	78	125	195	310	500	780	1.5	1.95	3.1	5	7.8	12.5	19.5
1 600	2 000	18	25	35	46	65	92	150	230	370	600	920	1.5	2.3	3.7	6	9.2	15	23
2 000	2 500	22	30	41	55	78	110	175	280	440	700	1 100	1.75	2.8	4.4	7	11	17.5	28
2 500	3 150	26	36	50	68	96	135	210	330	540	860	1 350	2.1	3.3	5.4	8.6	13.5	21	33

表 10-4　轴的极限偏差(基本尺寸 10～500 mm)　　　　　　　　μm

公差带	等级	基本尺寸/mm									
		>10～18	>18～30	>30～50	>50～80	>80～120	>120～180	>180～250	>250～315	>315～400	>400～500
d	7	−50 / −68	−65 / −86	−80 / −105	−100 / −130	−120 / −155	−145 / −185	−170 / −216	−190 / −242	−210 / −267	−230 / −293
	8	−50 / −70	−65 / −98	−80 / −119	−100 / −146	−120 / −174	−145 / −208	−170 / −242	−190 / −271	−210 / −299	−230 / −327
	▼9	−50 / −93	−65 / −117	−80 / −142	−100 / −174	−120 / −207	−145 / −245	−170 / −285	−190 / −320	−210 / −350	−230 / −385
	10	−50 / −120	−65 / −149	−80 / −180	−100 / −220	−120 / −260	−145 / −305	−170 / −355	−190 / −400	−210 / −440	−230 / −480
	11	−50 / −160	−65 / −195	−80 / −240	−100 / −290	−120 / −340	−145 / −395	−170 / −460	−190 / −510	−210 / −570	−230 / −630
e	6	−32 / −43	−40 / −53	−50 / −60	−60 / −79	−72 / −94	−85 / −110	−100 / −129	−110 / −142	−125 / −161	−135 / −175
	7	−32 / −50	−40 / −61	−50 / −75	−60 / −90	−72 / −107	−85 / −125	−100 / −146	−110 / −162	−125 / −182	−135 / −198
	8	−32 / −59	−40 / −73	−50 / −89	−60 / −106	−72 / −126	−85 / −148	−100 / −172	−110 / −191	−125 / −214	−135 / −232
	9	−32 / −75	−40 / −92	−50 / −112	−60 / −134	−72 / −159	−85 / −185	−100 / −215	−110 / −240	−125 / −265	−135 / −290
f	5	−16 / −24	−20 / −29	−25 / −36	−30 / −43	−36 / −51	−43 / −61	−50 / −70	−56 / −79	−62 / −87	−68 / −95
	6	−16 / −27	−20 / −33	−25 / −41	−30 / −49	−36 / −58	−43 / −68	−50 / −79	−56 / −88	−62 / −98	−68 / −108
	▼7	−16 / −34	−20 / −41	−25 / −50	−30 / −60	−36 / −71	−43 / −83	−50 / −96	−56 / −108	−62 / −119	−68 / −131
	8	−16 / −43	−20 / −53	−25 / −64	−30 / −76	−36 / −90	−43 / −106	−50 / −122	−56 / −137	−62 / −151	−68 / −165
	9	−16 / −59	−20 / −72	−25 / −87	−30 / −104	−36 / −123	−43 / −143	−50 / −165	−56 / −186	−62 / −202	−68 / −223
g	5	−6 / −14	−7 / −16	−9 / −20	−10 / −23	−12 / −27	−14 / −32	−15 / −35	−17 / −40	−18 / −43	−20 / −47
	▼6	−6 / −17	−7 / −20	−9 / −25	−10 / −29	−12 / −34	−14 / −39	−15 / −44	−17 / −49	−18 / −54	−20 / −60
	7	−6 / −24	−7 / −29	−9 / −34	−10 / −40	−12 / −47	−14 / −54	−15 / −61	−17 / −69	−18 / −75	−20 / −83
	8	−6 / −33	−7 / −40	−9 / −48	−10 / −56	−12 / −66	−14 / −77	−15 / −87	−17 / −98	−18 / −107	−20 / −117

续表

公差带	等级	基本尺寸/mm									
		>10~18	>18~30	>30~50	>50~80	>80~120	>120~180	>180~250	>250~315	>315~400	>400~500
h	5	0 / −8	0 / −9	0 / −11	0 / −13	0 / −15	0 / −18	0 / −20	0 / −23	0 / −25	0 / −27
	▼6	0 / −11	0 / −13	0 / −16	0 / −19	0 / −22	0 / −25	0 / −29	0 / −32	0 / −36	0 / −40
	▼7	0 / −18	0 / −21	0 / −25	0 / −30	0 / −35	0 / −40	0 / −46	0 / −52	0 / −57	0 / −63
	8	0 / −27	0 / −33	0 / −39	0 / −46	0 / −54	0 / −63	0 / −72	0 / −81	0 / −89	0 / −97
	▼9	0 / −43	0 / −52	0 / −62	0 / −74	0 / −87	0 / −100	0 / −115	0 / −130	0 / −140	0 / −155
	10	0 / −70	0 / −84	0 / −100	0 / −120	0 / −140	0 / −160	0 / −185	0 / −210	0 / −230	0 / −250
	11	0 / −110	0 / −130	0 / −160	0 / −190	0 / −220	0 / −250	0 / −290	0 / −320	0 / −360	0 / −400
j	5	+5 / −3	+5 / −4	+6 / −5	+6 / −7	+7 / −9	+7 / −11	+7 / −13	+7 / −16	+7 / −18	+7 / −20
	6	+8 / −3	+9 / −4	+11 / −5	+12 / −7	+13 / −9	+14 / −11	+16 / −13			
	7	+12 / −6	+13 / −8	+15 / −10	+18 / −12	+20 / −15	+22 / −18	+25 / −21		+29 / −28	+31 / −32
js	5	±4	±4.5	±5.5	±6.5	±7.5	±9	±10	±11.5	±12.5	±13.5
	6	±5.5	±6.5	±8	±9.5	±11	±12.5	±14.5	±16	±18	±20
	7	±9	±10	±12	±15	±17	±20	±23	±26	±28	±31
k	5	+9 / +1	+11 / +2	+13 / +2	+15 / +2	+18 / +3	+21 / +3	+24 / +4	+27 / +4	+29 / +4	+32 / +5
	▼6	+12 / +1	+15 / +2	+18 / +2	+21 / +2	+25 / +3	+28 / +3	+33 / +4	+36 / +4	+40 / +4	+45 / +5
	7	+19 / +1	+23 / +2	+27 / +2	+32 / +2	+38 / +3	+43 / +3	+50 / +4	+56 / +4	+61 / +4	+68 / +5
m	5	+15 / +7	+17 / +8	+20 / +9	+24 / +11	+28 / +13	+33 / +15	+37 / +17	+43 / +20	+46 / +21	+50 / +23
	6	+18 / +7	+21 / +8	+25 / +9	+30 / +11	+35 / +13	+40 / +15	+46 / +17	+52 / +20	+57 / +21	+63 / +23
	7	+25 / +7	+29 / +8	+34 / +9	+41 / +11	+49 / +13	+55 / +15	+63 / +17	+72 / +20	+78 / +21	+86 / +23
n	5	+20 / +12	+24 / +15	+28 / +17	+33 / +20	+38 / +23	+45 / +27	+51 / +31	+57 / +34	+62 / +37	+67 / +40
	▼6	+23 / +12	+28 / +15	+33 / +17	+39 / +20	+45 / +23	+52 / +27	+60 / +31	+66 / +34	+73 / +37	+80 / +40
	7	+30 / +12	+36 / +15	+42 / +17	+50 / +20	+58 / +23	+67 / +27	+77 / +31	+86 / +34	+94 / +37	+103 / +40

公差带	等级	基本尺寸/mm									
		>10~18	>18~30	>30~50	>50~80	>80~120	>120~180	>180~250	>250~315	>315~400	>400~500
p	5	+29 +18	+35 +22	+42 +26	+51 +32	+59 +37	+68 +43	+79 +50	+88 +56	+98 +62	+108 +68
	▼6	+36 +18	+42 +22	+51 +26	+62 +32	+72 +37	+83 +43	+96 +50	+108 +56	+119 +62	+131 +68

公差带	等级	基本尺寸/mm									
		>10~18	>18~30	>30~50	>50~65	>65~80	>80~100	>100~120	>120~140	>140~160	>160~180
r	6	+34 +23	+41 +18	+50 +34	+60 +41	+62 +43	+73 +51	+76 +54	+88 +63	+90 +65	+93 +68
	7	+41 +23	+49 +28	+59 +34	+71 +41	+73 +43	+86 +51	+89 +54	+103 +63	+105 +65	+108 +68
s	▼6	+39 +28	+48 +35	+59 +43	+72 +53	+78 +59	+93 +71	+101 +79	+117 +92	+125 +100	+133 +108
	7	+46 +28	+56 +35	+68 +43	+83 +53	+89 +59	+106 +71	+114 +79	+132 +92	+140 +100	+148 +108

公差带	等级	基本尺寸/mm								
		>180~200	>200~225	>225~250	>250~280	>280~315	>315~355	>355~400	>400~450	>450~500
r	6	+106 +77	+109 +80	+113 +84	+126 +94	+130 +98	+144 +108	+150 +114	+166 +126	+172 +132
	7	+123 +77	+126 +80	+130 +84	+146 +94	+150 +98	+165 +108	+171 +114	+189 +126	+195 +132
s	▼6	+151 +122	+159 +130	+169 +140	+190 +158	+202 +170	+226 +190	+244 +208	+272 +232	+292 +252
	7	+168 +122	+176 +130	+186 .+140	+210 +158	+222 +170	+247 +190	+265 +208	+295 +232	+315 +252

注:标注▼者为优先公差等级,应优先选用。

表 10-5　孔的极限偏差(基本尺寸 10~500mm)　μm

公差带	等级	基本尺寸/mm									
		>10~18	>18~30	>30~50	>50~80	>80~120	>120~180	>180~250	>250~315	>315~400	>400~500
D	8	+77 +50	+98 +65	+119 +80	+146 +100	+174 +120	+208 +145	+242 +170	+271 +190	+299 +210	+327 +230
	▼9	+93 +50	+117 +65	+142 +80	+174 +100	+207 +120	+245 +145	+285 +170	+320 +190	+350 +210	+385 +230
	10	+120 +50	+149 +65	+180 +86	+220 +100	+260 +120	+305 +145	+355 +170	+400 +190	+440 +210	+480 +230
	11	+160 +50	+195 +65	+240 +80	+290 +100	+340 +120	+395 +145	+460 +170	+510 +190	+570 +210	+630 +230

续表

公差带	等级	基本尺寸/mm									
		>10~18	>18~30	>30~50	>50~80	>80~120	>120~180	>180~250	>250~315	>315~400	>400~500
F	6	+27 +16	+33 +20	+1 +25	+49 +30	+58 +36	+68 +43	+79 +50	+88 +56	+98 +62	+108 +68
	7	+34 +16	+41 +20	+50 +25	+60 +30	+71 +36	+83 +43	+96 +50	+108 +56	+119 +62	+131 +68
	▼8	+43 +16	+53 +20	+64 +25	+76 +30	+90 +36	+106 +43	+122 +50	+137 +56	+151 +62	+165 +68
	9	+59 +16	+72 +20	+87 +25	+104 +30	+123 +36	+143 +43	+165 +50	+186 +56	+202 +62	+223 +68
G	6	+17 +6	+20 +7	+25 +9	+29 +10	+34 +12	+39 +14	+44 +15	+49 +17	+54 +18	+60 +20
	▼7	+24 +6	+28 +7	+34 +9	+40 +10	+47 +12	+54 +14	+61 +15	+69 +17	+75 +18	+83 +20
	8	+33 +6	+40 +7	+48 +9	+56 +10	+66 +12	+77 +14	+87 +15	+98 +17	+107 +18	+117 +20
H	5	+8 0	+9 0	+11 0	+13 0	+15 0	+18 0	+20 0	+23 0	+25 0	+27 0
	6	+11 0	+13 0	+16 0	+19 0	+22 0	+25 0	+29 0	+32 0	+36 0	+40 0
	▼7	+18 0	+21 0	+25 0	+30 0	+35 0	+40 0	+46 0	+52 0	+57 0	+63 0
	▼8	+27 0	+33 0	+39 0	+46 0	+54 0	+63 0	+72 0	+81 0	+89 0	+97 0
	▼9	+43 0	+52 0	+62 0	+74 0	+87 0	+100 0	+115 0	+130 0	+140 0	+155 0
	10	+70 0	+84 0	+100 0	+120 0	+140 0	+160 0	+185 0	+210 0	+230 0	+250 0
	▼11	+110 0	+130 0	+160 0	+190 0	+220 0	+250 0	+290 0	+320 0	+360 0	+400 0
J	7	+10 −8	+12 −9	+14 −11	+18 −12	+22 −13	+26 −14	+30 −16	+36 −16	+39 −18	+43 −20
	8	+15 −12	+20 −13	+24 −15	+28 −18	+34 −20	+41 −22	+47 −25	+55 −26	+60 −29	+66 −31
JS	6	±5.5	±6.5	±8	±9.5	±11	±12.5	±14.5	±16	±18	±20
	7	±9	±10	±12	±15	±17	±20	±23	±26	±28	±31
	8	±13	±16	±19	±23	±27	±31	±36	±40	±44	±48
	9	±21	±26	±31	±37	±43	±50	±57	±65	±70	±77
K	6	+2 −9	+2 −11	+3 −13	+4 −15	+4 −18	+4 −21	+5 −24	+5 −27	+7 −29	+8 −32
	▼7	+6 −12	+6 −15	+7 −18	+9 −21	+10 −25	+12 −28	+13 −33	+16 −36	+17 −40	+18 −45
	8	+8 −19	+10 −23	+12 −27	+14 −32	+16 −38	+20 −43	+22 −50	+25 −56	+28 −61	+29 −68

续表

公差带	等级	基本尺寸/mm									
		>10~18	>18~30	>30~50	>50~80	>80~120	>120~180	>180~250	>250~315	>315~400	>400~500
N	6	−9 −20	−11 −24	−12 −28	−14 −33	−16 −38	−20 −45	−22 −51	−25 −57	−26 −62	−27 −67
	▼7	−5 −23	−7 −28	−8 −33	−9 −39	−10 −45	−12 −52	−14 −60	−14 −66	−16 −73	−17 −80
	8	−3 −30	−3 −36	−3 −42	−4 −50	−4 −58	−4 −67	−5 −77	−5 −86	−5 −94	−6 −103
	9	0 −43	0 −52	0 −62	0 −74	0 −87	0 −100	0 −115	0 −130	0 −140	0 −155
P	6	−15 −26	−18 −31	−21 −37	−26 −45	−30 −52	−36 −61	−41 −70	−47 −79	−51 −87	−55 −95
	▼7	−11 −29	−14 −35	−17 −42	−21 −51	−24 −59	−28 −68	−33 −79	−36 −88	−41 −98	−45 −108
	8	−18 −45	−22 −55	−26 −65	−32 −78	−37 −91	−43 −106	−50 −122	−56 −137	−62 −151	−68 −165
	9	−18 −61	−22 −74	−26 −88	−32 −106	−37 −124	−43 −143	−50 −165	−56 −186	−62 −202	−68 −223

注:标注▼者为优先公差等级,应优先选用。

10.2　形位公差

表 10-6　常用形位公差符号(GB/T 1184—1996)

分类	形 状 公 差				位 置 公 差						跳动		其他符号	
					定向			定位					最大实 体状态	理论正 确尺寸
项目	直线度	平面度	圆度	圆柱度	平行度	垂直度	倾斜度	同轴度	对称度	位置度	圆跳动	全跳动		
符号	—	▱	○	⌭	∥	⊥	∠	◎	≡	⊕	↗	↗↗	Ⓜ	50

表 10-7　直线度与平面度公差　　　　μm

主要参数 L 图例

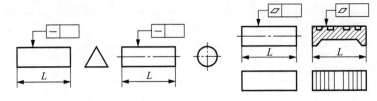

续表

精度等级	≤10	>10~16	>16~25	>25~40	>40~63	>63~100	>100~160	>160~250	>250~400	>400~630	>630~1000	>1000~1600	>1600~2500	应用举例
5	2	2.5	3	4	5	6	8	10	12	15	20	25	30	普通精度机床导轨,柴油机进、排气门刀杆
6	3	4	5	6	8	10	12	15	20	25	30	40	50	
7	5	6	8	10	12	15	20	25	30	40	50	60	80	轴承体的支承面,压力机导轨及滑块,减速器箱体、油泵、轴系支承轴承的接合面
8	8	10	12	15	20	25	30	40	50	60	80	100	120	
9	12	15	20	25	35	40	50	60	80	100	120	150	200	辅助机构及手动机械的支承面,液压管件和法兰的连接面
10	20	25	30	40	50	60	80	100	120	150	200	250	300	
11	30	40	50	60	80	100	120	150	200	250	300	400	500	离合器的摩擦片,汽车发动机缸盖接合面
12	60	80	100	120	150	200	250	300	400	500	600	800	1000	

标注示例	说明	标注示例	说明
图 $-\ \boxed{0.02}$	圆柱表面上任一素线必须位于轴向平面内,距离为公差值 0.02 mm 的两平行平面之间	图 $-\ \boxed{\phi0.04}$ ϕd	ϕd 圆柱体的轴线必须位于直径为公差值 0.04 mm 的圆柱面内
图 $-\ \boxed{0.02}$	棱线必须位于箭头所示方向,距离为公差值 0.02 mm 的两平行平面内	图 $\boxed{□}\ \boxed{0.1}$	上表面必须位于距离为公差值 0.1 mm 的两平行平面内

表 10-8 平行度、垂直度、倾斜度公差 　μm

主要参数 $L,d\ (D)$ 图例

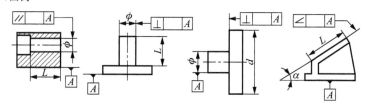

续表

精度等级	主参数 $L,d(D)$/mm ≤10	>10~16	>16~25	>25~40	>40~63	>63~100	>100~160	>160~250	>250~400	>400~630	>630~1000	>1000~1600	>1600~2500	应用举例 平行度	垂直度
5	5	6	8	10	12	15	20	25	30	40	50	60	80	机床主轴孔对基准面要求,重要轴承孔对基准面要求,一般减速器壳体孔,齿轮泵的轴孔端面等	机床重要支承面,发动机轴和离合器的凸缘,气缸的支承端面,P4、P5级轴承的箱体的凸肩
6	8	10	12	15	20	25	30	40	50	60	80	100	120	一般机床零件的工作面或基准面,压力机和锻锤的工作面,中等精度钻模的工作面,一般刀具、量具、模具	低精度机床主要基准面和工作面,回转工作台端面跳动,一般导轨,主轴箱体孔,刀架、砂轮架及工作台回转中心,机床轴肩、气缸配合面对其轴线,活塞销孔对活塞中心线,P6、P0级轴承壳体孔的轴线等
7	12	15	20	25	30	40	50	60	80	100	120	150	200	机床一般轴承孔对基准面的要求,机床床头箱一般孔间要求,气缸轴线,变速器箱孔,主轴花键对定心直径,重型机械轴承盖的断面,卷扬机、手动传动装置中的传动轴	
8	20	25	30	40	50	60	80	100	120	150	200	250	300		
9	30	40	50	60	80	100	120	150	200	250	300	400	500	低精度零件,重型机械滚动轴承端盖	花键轴肩、端面、带式输送机法兰盘等端面对轴心线,手动卷扬机及传动装置中轴承端面,变速箱壳体平面
10	50	60	80	100	120	150	200	250	300	400	500	600	800	柴油机和燃气发动机的曲轴孔、轴颈等	
11	80	100	120	150	200	250	300	400	500	600	800	1000	1200	零件的非工作面,卷扬机,输送机上用的减速器壳体平面	农业机械齿轮端面等
12	120	150	200	250	300	400	500	600	800	1000	1200	1500	2000		

续表

标注示例	说明	标注示例	说明
//|0.05|A	上表面必须位于距离为公差值 0.05 mm，且平行于基准表面 A 的两平行平面之间	⊥|0.1|A	ϕd 的轴线必须位于距离为公差值 0.1 mm，且垂直于基准平面的两平行平面之间（若框格内数字标注为 $\phi 0.1$ mm，则说明 ϕd 的轴线必须位于直径为公差值 0.1 mm，且垂直于基准平面 A 的圆柱面内）
//|0.03|A	孔的轴线必须位于距离为公差值 0.03 mm，且平行于基准表面 A 的两平行平面之间	⊥|0.05|A	左侧端面必须位于距离为公差值 0.05 mm，且垂直于基准轴线的两平行平面之间

表 10 - 9　圆度和圆柱度公差　　　　　　　　　μm

主要参数 $d(D)$ 图例

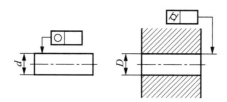

精度等级	主参数 $d(D)$/mm												应　用　举　例
	>3～6	>6～10	>10～18	>18～30	>30～50	>50～80	>80～120	>120～180	>180～250	>250～315	>315～400	>400～500	
5	1.5	1.5	2	2.5	2.5	3	4	5	7	8	9	10	安装 P6、P0 级滚动轴承的配合面，中等压力下的液压装置工作面（包括泵、压缩机的活塞和汽缸），风动绞车曲轴，通用减速器轴颈，一般机床主轴
6	2.5	2.5	3	4	4	5	6	8	10	12	13	15	
7	4	4	5	6	7	8	10	12	14	16	18	20	发动机的胀圈、活塞销及连杆中装衬套的孔等，千斤顶或压力油缸活塞，水泵及减速器轴颈，液压传动系统的分配机构，拖拉机汽缸体与汽缸套配合面，冻胶机冷铸轧辊
8	5	6	8	9	11	13	15	18	20	23	25	27	
9	8	9	11	13	16	19	22	25	29	32	36	40	起重、卷扬机用的滑动轴承，带软密封的低压泵的活塞和汽缸
10	12	15	18	21	25	30	35	40	46	52	57	63	
11	18	22	27	33	39	46	54	63	72	81	89	97	通用机械杠杆与拉杆、拖拉机的活塞环与套筒孔
12	30	36	43	52	62	74	87	100	115	130	140	155	

续表

标 注 示 例	说 明
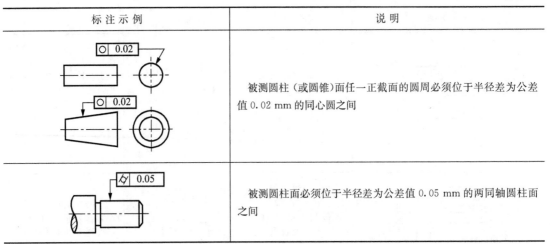	被测圆柱（或圆锥)面任一正截面的圆周必须位于半径差为公差值 0.02 mm 的同心圆之间
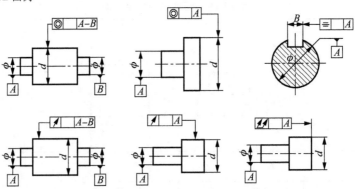	被测圆柱面必须位于半径差为公差值 0.05 mm 的两同轴圆柱面之间

表 10 - 10　同轴度、对称度、圆跳动和全跳动公差　　　　　　　　　　　μm

主要参数 $d(D)$,B,L 图例

精度等级	主参数 $d(D)$,L,B/mm											应 用 举 例
	>3 ~6	>6 ~10	>10 ~18	>18 ~30	>30 ~50	>50 ~120	>120 ~250	>250 ~500	>500 ~800	>800 ~1 250	>1 250 ~2 000	
5 6	3 5	4 6	5 8	6 10	8 12	10 15	12 20	15 25	20 30	25 40	30 50	6 级和 7 级精度齿轮轴的配合面,较高精度的快速轴,汽车发动机曲轴和分配轴的支承轴颈,较高精度机床的轴套
7 8	8 12	10 15	12 20	15 25	20 30	25 40	30 50	40 60	50 80	60 100	80 120	8 级和 9 级精度齿轮轴的配合面,拖拉机发动机分配轴轴颈,普通精度高速轴(1 000 r/min 以下),长度在 1 m 以下的主传动轴,起重运输机的鼓轮配合孔和导轮的滚动面
9 10	25 50	30 60	40 80	50 100	60 120	80 150	100 200	120 250	150 300	200 400	250 500	10 级和 11 级精度齿轮轴的配合面,发动机汽缸套配合面,水泵叶轮,离心泵泵件,摩托车活塞,自行车中轴
11 12	80 150	100 200	120 250	150 300	200 400	250 500	300 600	400 800	500 1 000	600 1 200	800 1 500	用于无特殊要求,一般按尺寸公差等级 IT12 制造的零件

续表

标注示例	说明	标注示例	说明
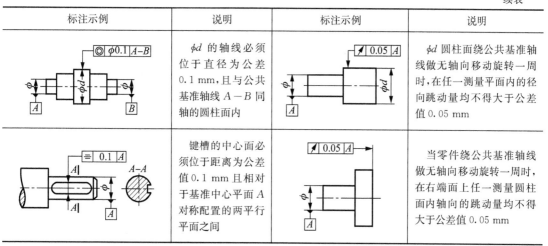	ϕd 的轴线必须位于直径为公差 0.1 mm，且与公共基准轴线 $A-B$ 同轴的圆柱面内		ϕd 圆柱面绕公共基准轴线做无轴向移动旋转一周时，在任一测量平面内的径向跳动量均不得大于公差值 0.05 mm
	键槽的中心面必须位于距离为公差值 0.1 mm 且相对于基准中心平面 A 对称配置的两平行平面之间		当零件绕公共基准轴线做无轴向移动旋转一周时，在右端面上任一测量圆柱面内轴向的跳动量均不得大于公差值 0.05 mm

10.3　表面粗糙度

表 10-11　表面粗糙度 Ra 的数值系列（GB/T 1031—2009）　　μm

0.012	0.025	0.05	0.1	0.2	0.4	0.8
1.6	3.2	6.3	12.5	25	50	100

表 10-12　表面粗糙度 Ra 的补充系列（GB/T 1031—2009）　　μm

0.008	0.010	0.016	0.020	0.032	0.040	0.063
0.080	0.125	0.160	0.25	0.32	0.50	0.63
1.00	1.25	2.00	2.50	4.00	5.00	8.00
10.00	16.00	20.00	32.00	40.00	63.00	80.00

表 10-13　表面粗糙度 Ra 的取值和应用范围

粗糙度代号 I	粗糙度代号 II	光洁度代号	表面形状、特征	加工方法	应 用 范 围
✓		∽	除净毛刺	铸、锻、冲压、热轧、冷轧	用不去除材料的方法获得（铸、锻等），或用保持原供应状况的表面
$\sqrt{Ra25}$	$\sqrt{Ra12.5}$	▽3	微见刀痕	粗车、刨、立铣、平铣、钻	毛坯经粗加工后的表面，焊接前的焊缝表面，螺栓和螺钉孔的表面
$\sqrt{Ra12.5}$	$\sqrt{Ra6.3}$	▽4	可见加工痕迹	车、镗、刨、钻、平铣、立铣、锉、粗铰、磨、铣齿	比较精确的粗加工表面，如车端面、倒角，不重要零件的非配合表面
$\sqrt{Ra6.3}$	$\sqrt{Ra3.2}$	▽5	微见加工痕迹	车、镗、刨、铣、刮 1～2 点/cm²、拉、磨、锉、滚压、铣齿	不重要零件的非接合面，如轴、盖的端面、倒角，齿轮及带轮的侧面，平键及键槽的上下面，花键非定心表面，轴或孔的退刀槽

粗糙度代号		光洁度代号	表面形状、特征	加工方法	应 用 范 围
Ⅰ	Ⅱ				
$\sqrt{Ra3.2}$	$\sqrt{Ra1.6}$	▽6	看不见加工痕迹	车、镗、刨、铣、铰、拉、磨、滚压、铣齿、刮 1~2 点/cm²	IT12 级公差的零件的接合面,如盖板、套筒等与其他零件连接但不形成配合的表面,齿轮的非工作面,键与键槽的工作面,轴与毡圈的摩擦面
$\sqrt{Ra1.6}$	$\sqrt{Ra0.8}$	▽7	可辨别加工痕迹的方向	车、镗、拉、磨、立铣、铰、滚压、刮 3~10 点/cm²	IT8~IT12 级公差的零件的接合面,如带轮的工作面,普通精度齿轮的齿面,与低精度滚动轴承相配合的箱体孔
$\sqrt{Ra0.8}$	$\sqrt{Ra0.4}$	▽8	微辨加工痕迹的方向	铰、磨、镗、拉、滚压、刮 3~10 点/cm²	IT6~IT8 级公差的零件的接合面,与齿轮、蜗轮、套筒等的配合面,与高精度滚动轴承相配合的轴颈,小齿轮的工作面,滑动轴承轴瓦的工作面,7~9 级精度蜗杆的齿面
$\sqrt{Ra0.4}$	$\sqrt{Ra0.2}$	▽9	不可辨加工痕迹的方向	布轮磨、磨、研磨、超级加工	IT5、IT6 级公差的零件的接合面,与 C 级精度滚动轴承配合的轴颈,5 级精度齿轮的工作面
$\sqrt{Ra0.2}$	$\sqrt{Ra0.1}$	▽10	暗光泽面	超级加工	仪器导轨表面,要求密封的液压传动的工作面,活塞的外表面,汽缸的内表面

注:(1) 粗糙度代号Ⅰ为新、旧国标转换的第 1 种过渡方式。它是取新国标中相应最靠近的下一档的第 1 系列值,如原光洁度(旧国标)为▽5,Ra 的最大允许值取 6.3。在满足表面功能要求的情况下,应尽量选用较大的表面粗糙度数值。

(2) 粗糙度代号Ⅱ为新、旧国标转换的第 2 种过渡方式。它是取新国标中相应最靠近的上一档的第 1 系列值,如原光洁度(旧国标)为▽5,Ra 的最大允许值取 3.2。因此,取该值提高了原表面粗糙度的要求和加工的成本。

第11章 螺纹连接、键连接、销连接

11.1 螺纹连接

表 11-1 普通螺纹基本尺寸(GB/T 196—2003)　　　　　　　　　　　　　　mm

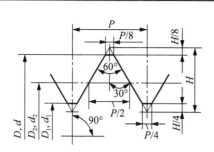

$H=0.866P$

$d_2=d-0.6495P$

$d_1=d-1.0825P$

D,d—— 内、外螺纹大径

D_2,d_2—— 内、外螺纹中径

D_1,d_1—— 内、外螺纹小径

P—— 螺距

标记示例:

M20-6H(公称直径为 20 的粗牙右旋内螺纹,中径和大径的公差带均为 6H)

M20-6g(公称直径为 20 的粗牙右旋内螺纹,中径和大径的公差带均为 6g)

M20-6H/6g(上述规格的螺纹副)

M20×2 左- 5g6g-S(公称直径为 20、螺距为 2 的细牙左旋外螺纹,中径、大径的公差带分别为 5g、6g,短旋合长度)

公称直径 D,d		螺距	中径	小径	公称直径 D,d		螺距	中径	小径	公称直径 D,d		螺距	中径	小径
第一系列	第二系列	P	D_2,d_2	D_1,d_1	第一系列	第二系列	P	D_2,d_2	D_1,d_1	第一系列	第二系列	P	D_2,d_2	D_1,d_1
3		**0.5**	2.675	2.459			**2.5**	18.376	17.294			**4.5**	42.077	40.129
		0.35	2.773	2.621	20		2	18.701	17.835		45	3	43.051	41.752
	3.5	**(0.6)**	3.110	2.850			1.5	19.026	18.376			2	43.701	42.835
		0.35	3.273	3.121			1	19.350	18.917			1.5	44.026	43.376
4		**0.7**	3.545	3.242			**2.5**	20.376	19.294			**5**	44.752	42.587
		0.5	3.675	3.459	22		2	20.701	19.835	48		3	46.051	44.752
	4.5	**(0.75)**	4.013	3.688			1.5	21.026	20.376			2	46.701	45.835
		0.5	4.175	3.959			1	21.350	20.917			1.5	47.026	46.376
5		**0.8**	4.480	4.134			**3**	22.051	20.752			**5**	48.752	46.587
		0.5	4.675	4.459	24		2	22.701	21.835	52		3	50.051	48.752
6		**1**	5.350	4.917			1.5	23.026	22.376			2	50.701	49.835
		0.75	5.513	5.188			1	23.350	22.917			1.5	51.026	50.376
8		**1.25**	7.188	6.647			**3**	25.051	23.752			**5.5**	52.428	50.046
		1	7.350	6.917	27		2	25.701	24.835	56		4	53.402	51.670
		0.75	7.513	7.188			1.5	26.026	25.376			3	54.051	52.752
							1	26.350	25.917			2	54.701	53.835
												1.5	55.026	54.376
10		**1.5**	9.026	8.376			**3.5**	27.727	26.211			**(5.5)**	56.428	54.046
		1.25	9.188	8.647			2	28.701	27.835			4	57.402	55.670
		1	9.350	8.917	30		1.5	29.026	28.376		60	3	58.051	56.752
		0.75	9.513	9.188			1	29.350	28.917			2	58.701	57.835
												1.5	59.026	58.376

公称直径 D,d 第一系列	第二系列	螺距 P	中径 D_2,d_2	小径 D_1,d_1	公称直径 D,d 第一系列	第二系列	螺距 P	中径 D_2,d_2	小径 D_1,d_1	公称直径 D,d 第一系列	第二系列	螺距 P	中径 D_2,d_2	小径 D_1,d_1
12		**1.75**	10.863	10.106		33	**3.5**	30.727	29.211			6	60.103	57.505
		1.5	11.026	10.376			2	31.701	30.835			4	61.402	59.670
		1.25	11.188	10.647			1.5	32.026	31.376		64	3	62.051	60.752
		1	11.350	10.917	36		**4**	33.402	31.670			2	62.701	61.835
	14	**2**	12.701	11.835			3	34.051	32.752			1.5	63.026	62.376
		1.5	13.026	12.376			2	34.701	33.835					
		1	13.350	12.917			1.5	35.026	34.376					
16		**2**	14.701	13.835		39	**4**	36.402	34.670			6	64.103	61.505
		1.5	15.026	14.376			3	37.051	35.752			4	65.402	63.670
		1	15.350	14.917			2	37.701	36.835		68	3	66.051	64.752
	18	**2.5**	16.376	15.294			1.5	38.026	37.376			2	66.701	65.835
		2	16.701	15.835	42		**4.5**	39.077	37.129			1.5	67.026	66.376
		1.5	17.026	16.376			3	40.051	38.752					
		1	17.350	16.917			2	40.701	39.835					
							1.5	41.026	40.376					

注:(1)"螺距 P"栏中的第一个数值为粗牙螺距,其余为细牙螺距。

　　(2) 优先选用第一系列,其次是第二系列,第三系列(表中未列出)尽可能不用。

　　(3) 括号内尺寸尽可能不用。

表 11-2　梯形螺纹牙形尺寸(GB/T 5796.1—2005)　　　　　　　　　　mm

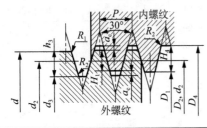

标记示例:

　　Tr40×7-7H(梯形内螺纹,公称直径 $d=40$ mm,螺距 $P=7$ mm,精度等级 7H)

　　Tr40×14(P7)LH-7e(多线左旋梯形外螺纹,公称直径 $d=40$ mm,螺距 $P=7$ mm,导程=14 mm,精度等级 7e)

　　Tr40×7-7H/7e(梯形螺旋副,公称直径 $d=40$ mm,螺距 $P=7$ mm,内螺距精度等级 7H,外螺纹精度等级 7e)

螺距 P	a_c	$H_4=h_3$	R_{1max}	R_{2max}	螺距 P	a_c	$H_4=h_3$	R_{1max}	R_{2max}
1.5	0.15	0.9	0.075	0.15	14		8		
2		1.25			16		9		
3	0.25	1.75	0.125	0.25	18		10		
4		2.25			20		11		
5		2.75			22		12		
6		3.5			24	1	13	0.5	1
7		4			28		15		
8		4.5			32		17		
9	0.5	5	0.25	0.5	36		19		
10		5.5			40		21		
11		6.5			44		23		
12									

表 11-3　梯形螺纹直径与螺距系列(GB/T 5796.2—2005)　　　　mm

公称直径 d		螺距 P	公称直径 d		螺距 P	公称直径 d		螺距 P	公称直径 d		螺距 P
第一系列	第二系列		第一系列	第二系列		第一系列	第二系列		第一系列	第二系列	
8		**1.5**	28	26	8, **5**, 3	52	50	12, **8**, 3		110	20, **12**, 4
10	9	**2**, 1.5		30	10, **6**, 3		55	14, **9**, 3	120	130	22, **12**, 6
	11	**3**, 2	32		10, **6**, 3	60		14, **9**, 3	140		24, **14**, 6
12		**3**, 2	36	34		70	65	16, **10**, 4		150	24, **16**, 6
16	14	**3**, 2		38	10, **7**, 3	80	75	16, **10**, 4	160		28, **16**, 6
	18	**4**, 2	40	42			85	18, **12**, 4		170	28, **16**, 6
20		**4**, 2	44		12, **7**, 4	90	95	18, **12**, 4	180		28, **18**, 8
24	22	8, **5**, 3	48	46	12, **8**, 4	100		20, **12**, 4		190	32, **18**, 8

注:优先选用第一系列的直径,黑体字为对应直径优先选用的螺距。

表 11-4　梯形螺纹基本尺寸(GB/T 5796.3—2005)　　　　mm

螺距 P	外螺纹小径 d_3	内、外螺纹中径 D_2、d_2	内螺纹大径 D_4	内螺纹小径 D_1	螺距 P	外螺纹小径 d_3	内、外螺纹中径 D_2、d_2	内螺纹大径 D_4	内螺纹小径 D_1
1.5	$d-1.8$	$d-0.75$	$d+0.3$	$d-1.5$	8	$d-9$	$d-4$	$d+1$	$d-8$
2	$d-2.5$	$d-1$	$d+0.5$	$d-2$	9	$d-10$	$d-4.5$	$d+1$	$d-9$
3	$d-3.5$	$d-1.5$	$d+0.5$	$d-3$	10	$d-11$	$d-5$	$d+1$	$d-10$
4	$d-4.5$	$d-2$	$d+0.5$	$d-4$	12	$d-13$	$d-6$	$d+1$	$d-12$
5	$d-5.5$	$d-2.5$	$d+0.5$	$d-5$	14	$d-16$	$d-7$	$d+2$	$d-14$
6	$d-7$	$d-3$	$d+1$	$d-6$	16	$d-18$	$d-8$	$d+2$	$d-16$
7	$d-8$	$d-3.5$	$d+1$	$d-7$	18	$d-20$	$d-9$	$d+2$	$d-18$

注:(1) d——公称直径,即外螺纹大径。

(2) 表中所列数值的计算公式:$d_3=d-2h_3$;$D_2=d_2=d-0.5P$;$D_4=d+2a_c$;$D_1=d-P$。

表 11-5　粗牙螺栓、螺钉的拧入深度及螺纹孔的尺寸(供参考)　　　　mm

螺纹直径 d	钻孔直径 d_0	钢和青铜				铸　铁			
		h	H	H_1	H_2	h	H	H_1	H_2
6	5	8	6	8	12	12	10	12	16
8	6.7	10	8	10.5	16	15	12	15	20
10	8.5	12	10	13	19	18	15	18	24
12	10.2	15	12	16	24	22	18	22	30
16	14	20	16	20	28	26	22	26	34
20	17.4	24	20	25	36	32	28	34	45
24	20.9	30	24	30	42	42	35	40	55
30	26.4	36	30	38	52	48	42	50	65
36	32	42	36	45	60	55	50	58	75

注:h 为内螺纹通孔长度;H 为盲孔拧入深度;H_1 为攻丝深度;H_2 为钻孔深度。

表 11-6　紧固件的通孔及沉孔尺寸(GB 5277—1985、GB 152.2～152.4—1988)　　　　mm

螺栓或螺钉直径 d			6	8	10	12	14	16	18	20	22	24	27	30	36
通孔直径 d_1 GB 5277		精装配	6.4	8.4	10.5	13	15	17	19	21	23	25	28	31	37
		中等装配	6.6	9	11	13.5	15.5	17.5	20	22	24	26	30	33	39
		粗装配	7	10	12	14.5	16.5	18.5	21	24	26	28	32	35	42
六角螺母用沉孔 六角头螺栓和	GB 152.4	d_2	13	18	22	26	30	33	36	40	43	48	53	61	55
		d_3	—	—	—	16	18	20	22	24	26	28	33	36	42
		t	锪　平　为　止												
圆柱头螺栓(钉)用沉孔	GB 152.3	d_2	11	15	18	20	24	26	—	33	—	40	—	48	57
		d_3	—	—	—	16	18	20	—	24	—	28	—	36	42
		t GB/T 70—85	6.8	9	11	13	15	17.5	—	21.5	—	25.5	—	32	38
		t GB/T 65—85	4.7	6	7	8	9	10.5	—	12.5	—	—	—	—	—
沉头螺钉用沉孔	GB 152.2 90°$^{-2°}_{-4°}$	d_2	12.8	17.6	20.3	24.4	28.4	32.4	—	40.4	—	—	—	—	—
		$t\approx$	3.3	4.6	5	6	7	8	—	10	—	—	—	—	—

表 11-7　扳手空间尺寸　　　　mm

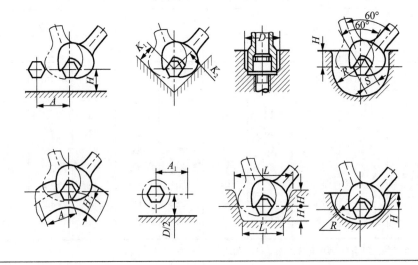

续表

螺纹直径 d 标准头	小头	扳手口度 S	A	H	K_1	K_2	L	L_1	R	D	A_1
6		10	21	9	12	11	36	26	18	22	18
	8	12	25	10	15	13	48	38	24	26	20
8	10	13	30	12	18	15	52	40	26	28	22
10	12	16	34	14	20	18	60	45	30	32	26
12	14	18	38	16	22	20	68	50	34	36	30
14	16										
16	18	24	48	18	28	25	80	60	40	45	36
18	20										
20	22	30	58	22	34	30	100	75	50	52	45
22	24										
24	27	36	68	25	40	35	120	95	60	62	52
27	30										
30		46	90	32	50	42	150	115	75	75	65
36	36	50	95	40	55	45	170	125	85	85	72
	42	55	105	40	60	48	180	140	90	92	78

表 11-8　六角头螺栓（GB5/T 5782—2016，GB/T 5783—2000）　　mm

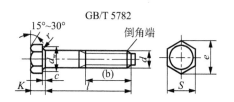

GB/T 5782

标记示例:

螺纹规格为 M12、公称长度 $l=80$ mm、性能等级为 8.8 级、表面氧化、A 级的六角头螺栓的标记:

螺栓　GB/T 5782　M12×80

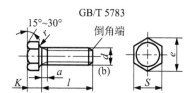

GB/T 5783

标记示例:

螺纹规格为 M12、公称长度 $l=80$ mm、性能等级为 8.8 级、表面氧化、A 级的六角头螺栓的标记:

螺栓　GB/T 5783　M12×80

螺纹规格 d		M3	M4	M5	M6	M8	M10	M12	M(14)	M16	M(18)	M20	M(22)	M24	M(27)	M30	M36
b 参考	$l\leqslant125$	12	14	16	18	22	26	30	34	38	42	46	50	54	60	66	78
	$125<l\leqslant200$	—	—	—	—	28	32	36	40	44	48	52	56	60	66	72	84
	$l>200$	—	—	—	—	—	—	—	53	57	61	65	69	73	79	85	97
a	max	1.5	2.1	2.4	3	3.75	4.5	5.25	6	7.5	7.5	7.5	7.5	9	9	10.5	12
c	max	0.4	0.4	0.5	0.5	0.6	0.6	0.6	0.6	0.8	0.8	0.8	0.8	0.8	0.8	0.8	0.8
d_w	min A	4.57	5.88	6.88	8.88	11.63	14.63	16.63	19.64	22.43	25.34	28.19	31.71	33.61	—	—	—
	min B	4.45	5.74	6.74	8.74	11.47	14.47	16.47	19.15	22	24.85	27.7	31.35	33.23	38	42.75	51.11
e	min A	6.01	7.66	8.79	11.05	14.38	17.77	20.03	23.35	26.75	30.14	33.53	37.72	39.98	—	—	—
	min B	5.88	7.50	8.63	10.89	14.20	17.59	19.85	22.78	26.17	29.56	32.95	37.29	39.55	45.2	50.85	60.79

续表

螺纹规格 d		M3	M4	M5	M6	M8	M10	M12	M(14)	M16	M(18)	M20	M(22)	M24	M(27)	M30	M36
K	公称	2	2.8	3.5	4	5.3	6.4	7.5	8.8	10	11.5	12.5	14	15	17	18.7	22.5
r	min	0.1	0.2	0.2	0.25	0.4	0.4	0.6	0.6	0.6	0.6	0.8	1	0.8	1	1	1
S	公称	5.5	7	8	10	13	16	18	21	24	27	30	34	36	41	46	55
l 范围(GB/T 5782—2016)		20~30	25~40	25~50	30~60	35~80	40~100	45~120	60~140	55~160	60~180	65~200	70~220	80~240	90~260	90~300	110~360
l 范围(全螺纹)(GB/T 5783—2000,A 型)		6~30	8~40	10~50	12~60	16~80	20~100	25~120	30~140	30~150	35~180	40~150	45~200	45~200	55~200	40~100	
l 系列		6,8,10,12,16,20~70(5 进位),180~360(20 进位)															

技术条件	材料	力学性能等级	螺纹公差	公差产品等级	表面处理
	钢	5.6,8.8,9.8,10.9	6g	A 级用于 $d \leqslant 24$ 和 $l \leqslant 10d$ 或 $l \leqslant 150$	氧化或电镀、协议简单处理
	不锈钢	A2~70,A4~70		B 级用于 $d > 24$ 和 $l > 10d$ 或 $l > 150$	
	有色金属	Cu2,Cu3,A14			

注:(1) A、B 为产品等级。C 级产品螺纹公差为 8g,规格为 M5~M64,性能等级为 3.6,4.6 和 4.8 级,详见 GB/T 5780—2000,GB/T 5781—2000。

(2) 括号内为第二系列螺纹直径规格,尽量不采用。

表 11 - 9　内六角圆柱头螺钉(GB/T 70.1—2008)　　　　　　　　　　　　mm

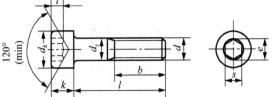

标记示例:

螺纹规格为 M8、公称长度 $l =$ 20、性能等级为 8.8 级、表面氧化的内六角圆柱螺钉的标记:

螺钉　GB/T 70.1　M8×20

螺纹规格 d	M6	M8	M10	M12	M16	M20	M24	M30	M36
b(参考)	24	28	32	36	44	52	60	72	84
d_k(max)	10	13	16	18	24	30	36	45	54
e(min)	5.72	6.86	9.15	11.43	16	19.44	21.73	25.15	30.85
k(max)	6	8	10	12	16	20	24	30	36
s(公称)	5	6	8	10	14	17	19	22	27
t(min)	3	4	5	6	8	10	12	15.5	19
l 范围(公称)	10~60	12~80	16~100	20~120	25~160	30~200	40~200	45~200	55~200
制成全螺纹时 $l \leqslant$	30	35	40	45	55	65	80	90	100
l 系列(公称)	8,10,12,(14),16,20~50(5 进位),(55),60,(65),70~160(10 进位),180,200								

技术条件	材料	机械性能等级	螺纹公差	产品等级	表面处理
	Q235,15 35,45	8.8,10.9,12.9	12.9 级为 5g 或 6g 其他等级为 6g	A	氧化或镀锌钝化

注:(1) 括号内规格尽可能不用;(2) d 为粗牙普通螺纹规格。

表 11-10　六角头加强杆螺栓(GB/T 27—2013)　　　　　　mm

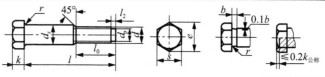

标记示例：　　　　　　　　　　　　　　　　　　　　　　　　允许制造的形式

螺纹规格为 M12、d_s 尺寸按表规定、公称长度 $l=80$、性能等级为 8.8 级、表面氧化处理、产品等级为 A 级的六角头加强杆螺栓的标记：

螺栓　GB/T 27　M12×80

当 d_s 按 m6 制造时，标记为：螺栓　GB/T 27　M12m6×80。

螺纹规格 d	d_s(h9)(max)	s(max)	k(公称)	r(min)	d_p	l_2	e(min) A	e(min) B	b	l 范围	l_0	l 系列
M6	7	10	4	0.25	4	1.5	11.05	10.89	2.5	25～65	12	25,(28),30,(32),35,(38),40,45,50,(55),60,(65),70,(75),80,85,90,(95),100～260(10进位)
M8	9	13	5	0.4	5.5	1.5	14.38	14.20	2.5	25～80	15	
M10	11	16	6	0.4	7	2	17.77	17.59	2.5	30～120	18	
M12	13	18	7	0.6	8.5	2	20.03	19.85	2.5	35～180	22	
M16	17	24	9	0.6	12	3	26.75	26.17	3.5	45～200	28	
M20	21	30	11	0.8	15	4	33.53	32.95	3.5	55～200	32	
M24	25	36	13	0.8	18	4	39.98	39.55	3.5	65～200	38	
M30	32	46	17	1.1	23	5	—	50.85	5	80～230	50	
M36	38	55	20	1.1	28	6	—	60.79	5	90～300	55	

表 11-11　双头螺柱(GB 897～900—1988)　　　　　　mm

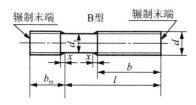

标记示例：

两端均为粗牙普通螺纹，$d=10$、$l=50$、性能等级为 4.8 级、不经表面处理、B 型、$b_m=2d$ 双头螺柱的标记：

螺柱　GB 900　M10×50

注：(1) d_s≈螺纹中径，$d_{smax}=d$，$x_{max}=1.5P$(螺距)；
(2) 材料为 Q235、35 号钢；
(3) $b_m=d$(一般用于钢对钢)；
　　　$b_m=(1.25～1.5)d$(一般用于钢对铸铁)

螺纹规格 d		M6	M8	M10	M12	M16	M20	M36
b_m(公称)	GB 897—88	6	8	10	12	16	20	36
	GB 898—88	8	10	12	15	20	25	45
	GB 899—88	10	12	15	18	24	30	54
d_s(min)		≈螺纹中径						
$\dfrac{l}{b}$(公称)		$\dfrac{20～22}{10}$	$\dfrac{20～22}{12}$	$\dfrac{25～28}{14}$	$\dfrac{25～30}{16}$	$\dfrac{30～38}{20}$	$\dfrac{35～40}{25}$	$\dfrac{65～75}{45}$
		$\dfrac{25～30}{14}$	$\dfrac{25～30}{16}$	$\dfrac{30～38}{16}$	$\dfrac{32～40}{20}$	$\dfrac{40～55}{30}$	$\dfrac{45～65}{35}$	$\dfrac{80～110}{60}$
		$\dfrac{32～75}{18}$	$\dfrac{32～90}{22}$	$\dfrac{40～120}{26}$	$\dfrac{45～120}{30}$	$\dfrac{60～120}{38}$	$\dfrac{70～120}{46}$	$\dfrac{120}{78}$
				$\dfrac{130}{32}$	$\dfrac{130～180}{36}$	$\dfrac{130～200}{44}$	$\dfrac{130～200}{52}$	$\dfrac{130～200}{84}$
								$\dfrac{210～300}{97}$
l	范围	20～75	20～90	25～130	25～180	30～200	35～200	65～300
	系列	12,16,20～100(5进位),100～200(10进位),280,300						

表 11 - 12　　十字槽盘头与沉头螺钉(GB/T 818—2016,GB/T 819.1—2016)　　　　mm

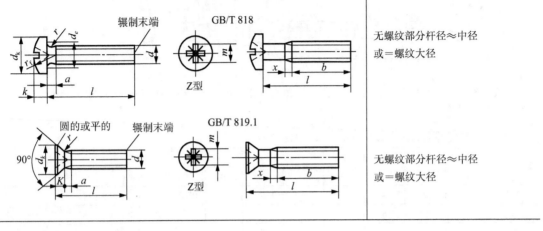

标记示例:

　　螺纹规格为 M5、公称长度 $l=20$、性能等级为 4.8 级、不经表面处理的十字槽盘头螺钉(或十字槽沉头螺钉)的标记:

螺钉　GB/T 818　M5×20　(或 GB/T 819.1　M5×20)

螺纹规格 d		M1.6	M2	M2.5	M3	M4	M5	M6	M8	M10
螺距 P		0.35	0.4	0.45	0.5	0.7	0.8	1	1.25	1.5
a	max	0.7	0.8	0.9	1	1.4	1.6	2	2.5	3
b	min	25	25	25	25	38	38	38	38	38
x	max	0.9	1	1.1	1.25	1.75	2	2.5	3.2	3.8
十字槽盘头螺钉	d_a max	2.1	2.6	3.1	3.6	4.7	5.7	6.8	9.2	11.2
	d_k max	3.2	4	5	5.6	8	9.5	12	16	20
	K max	1.3	1.6	2.1	2.4	3.1	3.7	4.6	6	7.5
	r min	0.1	0.1	0.1	0.1	0.2	0.2	0.25	0.4	0.4
	r_f ≈	2.5	3.2	4	5	6.5	8	10	13	16
	m 参考	1.7	1.9	2.6	2.9	4.4	4.6	6.8	8.8	10
	l 商品规格范围	3~16	3~20	3~25	4~30	5~40	6~45	8~60	10~60	12~60
十字槽沉头螺钉	d_k max	3	3.8	4.7	5.5	8.4	9.3	11.3	15.8	18.3
	K max	1	1.2	1.5	1.65	2.7	2.7	3.3	4.65	5
	r max	0.4	0.5	0.6	0.8	1	1.3	1.5	2	2.5
	m 参考	1.8	2	3	3.2	4.6	5.1	6.8	9	10
	l 商品规格范围	3~16	3~20	3~25	4~30	5~40	6~50	8~60	10~60	12~60
公称长度 l 的系列		3,4,5,6,8,10,12,(14),16,20~60 (5 进位)								

技术条件	材料	机械性能等级	螺纹公差	公差产品等级	表面处理
	钢	4.8	6g	A	1. 不经处理 2. 电镀或协议

注:(1) 公称长度 l 中的(14),(55)等规格尽可能不采用。

　　(2) 对十字槽盘头螺钉,$d≤M3$,$l≤25$ mm(或 $d≥M4$,$l≤40$ mm)时,制出全螺纹 ($b=l-a$);

　　　　对十字槽沉头螺钉,$d≤M3$,$l≤30$ mm(或 $d≥M4$,$l≤45$ mm)时,制出全螺纹[$b=l-(K+a)$]。

　　(3) GB/T 818 中,材料可选不锈钢或有色金属。

表 11-13 紧定螺钉(GB/T 71—2018,GB/T 73—2017,GB/T 75—2018) mm

开槽锥端紧定螺钉（GB/T 71） 　 开槽平端紧定螺钉（GB/T 73） 　 开槽长圆柱端紧定螺钉（GB/T 75）

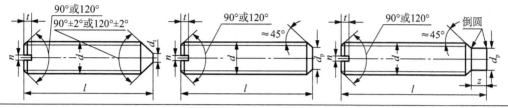

标记示例：

螺纹规格为 M5、公称长度 $l=12$、性能等级为 14H 级、表面氧化的开槽锥端紧定螺钉的标记：

螺钉 GB/T 71 M5×12

相同规格的另外两种螺钉的标记：

螺钉 GB/T 73 M5×12 螺钉 GB/T 75 M5×12

螺纹规格 d	螺距 P	n (公称)	t (max)	d_t (max)	d_p (max)	z (max)	长度 l GB/T 71,GB/T 75	长度 l GB/T 73	制成 120°的短螺钉 l GB/T 73	制成 120°的短螺钉 l GB/T 75	l 系列 (公称)
M4	0.7	0.6	1.42	0.4	2.5	2.25	6～20	5～20	4	6	4,5,6
M5	0.8	0.8	1.63	0.5	3.5	2.75	8～25	6～25	5	8	8,10,12
M6	1	1	2	1.5	4	3.25	8～30	8～30	6	8,10	16,20,25
M8	1.25	1.2	2.5	2	5.5	4.3	10～40	8～40	6	10,12	30,35,40
M10	1.5	1.6	3	2.5	7	5.3	12～50	10～50	8	12,16	45,50,60

技术条件	材 料	机械性能等级	螺纹公差	公差产品等级	表面处理
	Q235、15、35、45	14H,22H	6g	A	氧化或镀锌钝化

表 11-14 1型六角螺母(GB/T 6170—2015)
六角薄螺母(GB/T 6172.1—2016) mm

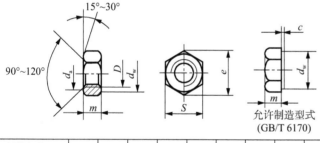

允许制造型式
(GB/T 6170)

标记示例：

螺纹规格为 M12、性能等级为 10 级、不经表面处理、A 级的 1 型六角螺母的标记：

螺母 GB/T 6170 M12

螺纹规格为 M12、性能等级为 04 级、不经表面处理、A 级的六角薄螺母的标记：

螺母 GB/T 6172.1 M12

螺纹规格 D		M3	M4	M5	M6	M8	M10	M12	(M14)	M16	(M18)	M20	(M22)	M24	(M27)	M30	M36
d_a	max	3.45	4.6	5.75	6.75	8.75	10.8	13	15.1	17.3	19.5	21.6	23.7	25.9	29.1	32.4	38.9
d_w	min	4.6	5.9	6.9	8.9	11.6	14.6	16.6	19.6	22.5	24.8	27.7	31.4	33.2	38	42.7	51.1
e	min	6.01	7.66	8.79	11.05	14.38	17.77	20.03	23.35	26.75	29.56	32.95	37.29	39.55	45.2	50.85	60.79
S	max	5.5	7	8	10	13	16	18	21	24	27	30	34	36	41	46	55
c	max	0.4	0.4	0.5	0.5	0.6	0.6	0.6	0.6	0.8	0.8	0.8	0.8	0.8	0.8	0.8	0.8
m (max)	六角螺母	2.4	3.3	4.7	5.2	6.8	8.4	10.8	12.8	14.8	15.8	18	19.4	21.5	23.8	25.6	31
	薄螺母	1.8	2.2	2.7	3.2	4	5	6	7	8	9	10	11	12	13.5	15	18

技术条件	材料	机械性能等级	螺纹公差	表面处理	公差产品等级
	钢	6,8,10	6H	不经处理	A 级用于 $D \leqslant$ M16 B 级用于 $D >$ M16

注：尽可能不采用括号内的规格。

表 11-15　弹簧垫圈(GB/T 93—1987)、轻型弹簧垫圈(GB/T 859—1987)　　　　　　mm

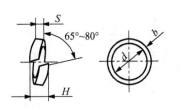

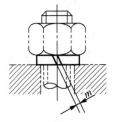

标记示例:

规格为 16 mm、材料为 65 Mn、表面氧化的标准型(或轻型)弹簧垫圈的标记:

垫圈　GB/T 93　16

(或 GB/T 859　16)

规格(螺纹大径)			3	4	5	6	8	10	12	(14)	16	(18)	20	(22)	24	(27)	30	(33)	36
GB/T 93	S、(b)	公称	0.8	1.1	1.3	1.6	2.1	2.6	3.1	3.6	4.1	4.5	5.0	5.5	6.0	6.8	7.5	8.5	9
	H	min	1.6	2.2	2.6	3.2	4.2	5.2	6.2	7.2	8.2	9	10	11	12	13.6	15	17	18
		max	2	2.75	3.25	4	5.25	6.5	7.75	9	10.25	11.25	12.5	13.75	15	17	18.75	21.25	22.5
	m	$\leqslant$	0.4	0.55	0.65	0.8	1.05	1.3	1.55	1.8	2.05	2.25	2.5	2.75	3	3.4	3.75	4.25	4.5
GB/T 859	S	公称	0.6	0.8	1.1	1.3	1.6	2	2.5	3	3.2	3.6	4	4.5	5	5.5	6	—	—
	b	公称	1	1.2	1.5	2	2.5	3	3.5	4	4.5	5	5.5	6	7	8	9	—	—
	H	min	1.2	1.6	2.2	2.6	3.2	4	5	6	6.4	7.2	8	9	10	11	12	—	—
		max	1.5	2	2.75	3.25	4	5	6.25	7.5	8	9	10	11.25	12.5	13.75	15	—	—
	m	$\leqslant$	0.3	0.4	0.55	0.65	0.8	1.0	1.25	1.5	1.6	1.8	2.0	2.25	2.5	2.75	3.0	—	—

注:尽可能不采用括号内的规格。

表 11-16　小垫圈-A 级(GB/T 848—2002)、平垫圈-A 级(GB/T 97.1—2002)、

平垫圈-倒角型-A 级(GB/T 97.2—2002)　　　　　　mm

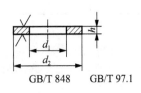

GB/T 848　　GB/T 97.1

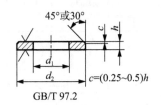

$c=(0.25\sim0.5)h$

GB/T 97.2

$\sqrt{Ra1.6}$用于 $h\leqslant3$ mm

$\sqrt{Ra3.2}$用于 3 mm$<h\leqslant6$ mm

$\sqrt{Ra6.3}$用于 $h\geqslant6$ mm

小系列(或标准系列)、公称规格 $d=8$ mm、由钢制造的硬度等级为 200HV 级、不经表面处理、产品等级为 A 级的小垫圈(或平垫圈,或倒角型平垫圈)的标记示例:

垫圈　GB/T 848 8(或 GB/T 97.1 8 或 GB/T 97.2 8)

公称规格(螺纹大径 d)		1.6	2	2.5	3	4	5	6	8	10	12	14	16	20	24	30	36
d_1	GB/T848	1.7	2.2	2.7	3.2	4.3	5.3	6.4	8.4	10.5	13	15	17	21	25	31	37
	GB/T97.1																
	GB/T97.2	—	—	—	—	—											
d_2	GB/T848	3.5	4.5	5	6	8	9	11	15	18	20	24	28	34	39	50	60
	GB/T97.1	4	5	6	7	9	10	12	16	20	24	28	30	37	44	56	66
	GB/T97.2	—	—	—	—	—											
h	GB/T848	0.3	0.3	0.5	0.5	0.5	1	1.6	1.6	1.6	2	2.5	2.5	3	4	4	5
	GB/T97.1					0.8				2	2.5		3				
	GB/T97.2	—	—	—	—	—											

表 11-17　圆螺母（GB 812—1988）　　　　mm

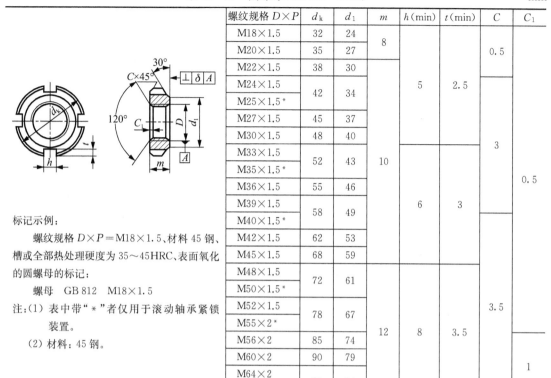

标记示例:

　　螺纹规格 $D×P$＝M18×1.5、材料 45 钢、槽或全部热处理硬度为 35～45HRC、表面氧化的圆螺母的标记:

　　螺母　GB 812　M18×1.5

注:(1) 表中带"＊"者仅用于滚动轴承紧锁装置。

　　(2) 材料:45 钢。

螺纹规格 $D×P$	d_k	d_1	m	h(min)	t(min)	C	C_1
M18×1.5	32	24	8				
M20×1.5	35	27				0.5	
M22×1.5	38	30					
M24×1.5	42	34		5	2.5		
M25×1.5*							
M27×1.5	45	37					
M30×1.5	48	40					
M33×1.5	52	43	10			3	
M35×1.5*							
M36×1.5	55	46					0.5
M39×1.5	58	49		6	3		
M40×1.5*							
M42×1.5	62	53					
M45×1.5	68	59					
M48×1.5	72	61					
M50×1.5*							
M52×1.5	78	67				3.5	
M55×2*							
M56×2	85	74	12	8	3.5		
M60×2	90	79					
M64×2	95	84					1
M65×2*							

表 11-18　圆螺母用止动垫圈（GB 858—88）　　　　mm

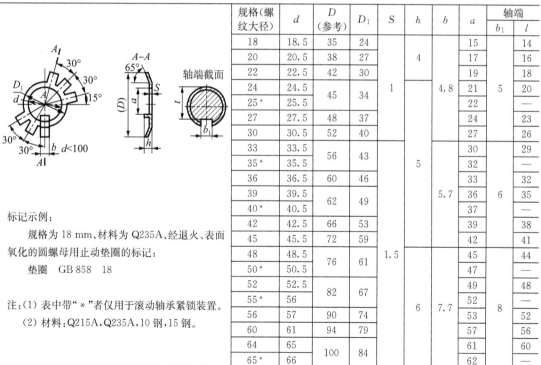

标记示例:

　　规格为 18 mm、材料为 Q235A、经退火、表面氧化的圆螺母用止动垫圈的标记:

　　垫圈　GB 858　18

注:(1) 表中带"＊"者仅用于滚动轴承紧锁装置。

　　(2) 材料:Q215A,Q235A,10 钢、15 钢。

规格(螺纹大径)	d	D(参考)	D_1	S	h	b	a	轴端 b_1	l
18	18.5	35	24				15		14
20	20.5	38	27		4		17		16
22	22.5	42	30				19		18
24	24.5	45	34	1		4.8	21	5	20
25*	25.5						22		—
27	27.5	48	37				24		23
30	30.5	52	40				27		26
33	33.5	56	43				30		29
35*	35.5				5		32		—
36	36.5	60	46				33		32
39	39.5	62	49			5.7	36	6	35
40*	40.5						37		—
42	42.5	66	53				39		38
45	45.5	72	59				42		41
48	48.5	76	61	1.5			45		44
50*	50.5						47		—
52	52.5	82	67				49		48
55*	56						52		—
56	57	90	74		6	7.7	53	8	52
60	61	94	79				57		56
64	65	100	84				61		60
65*	66						62		—

表 11-19　轴用弹性挡圈-A 型（GB/T 894.1—1986）　　　　　　　　　　　mm

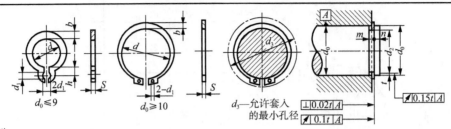

d_3—允许套入的最小孔径

$\perp | 0.02t | A$　$\perp | 0.1t | A$　$\angle | 0.15t | A$

标记示例：

　　螺纹规格 $d_0=50$ mm、材料为 65 Mn、热处理 HRC 44～51、经表面氧化处理的 A 型轴用弹性挡圈的标记：

挡圈　GB/T 894.1　50

轴径 d_0	挡圈 d	S	$b\approx$	d_1	h	沟槽(推荐) d_2 基本尺寸	d_2 极限偏差	m	$n\geqslant$	孔 $d_3\geqslant$
3	2.7	0.4	0.8	1	0.95	2.8	−0.04	0.5	0.3	7.2
4	3.7		0.88		1.1	3.8	0 −0.048		0.3	8.8
5	4.7		1.22		1.25	4.8				10.7
6	5.6	0.6			1.35	5.7		0.7	0.5	12.2
7	6.5		1.32	1.2	1.55	6.7				13.8
8	7.4	0.8			1.60	7.6	0 −0.058	0.9	0.6	15.2
9	8.4		1.44		1.65	8.6				16.4
10	9.3					9.6				17.6
11	10.2		1.52	1.5		10.5			0.8	18.6
12	11		1.72			11.5				19.6
13	11.9		1.88			12.4			0.9	20.8
14	12.9					13.4				22
15	13.8		2.00			14.3	0 −0.11	1.1	1.1	23.2
16	14.7	1	2.32	1.7		15.2			1.2	24.4
17	15.7					16.2				25.6
18	16.5		2.48			17				27
19	17.5					18		1.5		28
20	18.5					19				29
21	19.5		2.68			20	0 −0.13			31
22	20.5			—		21				32
24	22.2			2		22.9				34
25	23.2		3.32			23.9		1.7		35
26	24.2					24.9	0			36
28	25.9	1.2	3.60			26.6	−0.21	1.3		38.4
29	26.9		3.72			27.6			2.1	19.8
30	27.9					28.6				42
32	29.6		3.92			30.3		2.6		44
34	31.5		4.32			32.3	0 −0.25			46
35	32.2	1.5		2.5		33		1.7	3	48
36	33.2		4.52			34				49
37	34.2					35				50
38	35.2			2.5		36			3	51
40	36.5					37.5				53
42	38.5	1.5	5.0			39.5	0 −0.25	1.7	3.8	56
45	41.5					42.5				59.4
48	44.5					45.5				62.8
50	45.8		5.48			47				64.8
52	47.8					49				67
55	50.8					52				70.4
56	51.8	2				53		2.2		71.7
58	53.8		6.12			55				73.6
60	55.8					57				75.8
62	57.8					59			4.5	79
63	58.8					60				79.6
65	60.8			3		62	0 −0.30			81.6
68	63.5		6.32			65				85
70	65.5					67				87.2
72	67.5					69				89.4
75	70.5					72		2.7		92.8
78	73.5	2.5				75				96.2
80	74.5		7.0			76.5				98.2
82	76.5					78.5				101
85	79.5					81.5			5.3	104
88	82.5		7.6			84.5	0 −0.35			107.3
90	84.5					86.5				110
95	89.5		9.2			91.5				115
100	94.5					96.5				121
105	98		10.7			101		2.6		132
110	103		11.3			106	0			136
115	108	3	12	4		111	−0.54	3.2	6	142
120	113					116				145
125	118		12.6			121	−0.63			151

注：尺寸 m 的极限偏差：当 $d_0\leqslant100$ 时为 $^{+0.14}_{0}$；当 $d_0>100$ 时为 $^{+0.18}_{0}$。

表 11-20 孔用弹性挡圈-A型 (GB/T 893.1—1986)   mm

d_3—允许套入的最大轴径

标记示例:

螺纹规格 d_0=50 mm、材料为 65 Mn、热处理 HRC 44~51、经表面氧化处理的 A 型孔用弹性挡圈的标记:

$$\text{挡圈 GB/T 893.1 50}$$

孔径 d_0	挡圈				沟槽(推荐)				轴 $d_3\geqslant$	孔径 d_0	挡圈				沟槽(推荐)				轴 $d_3\geqslant$
	D	S	$b\approx$	d_1	d_2 基本尺寸	d_2 极限偏差	m	$n\geqslant$			D	S	$b\approx$	d_1	d_2 基本尺寸	d_2 极限偏差	m	$n\geqslant$	
8	8.7	0.6	1	1	8.4	+0.09 0	0.7		2	48	51.5	1.5			50.5		1.7	3.8	33
9	9.8		1.2		9.4			0.6		50	54.2		4.7		53				36
10	10.8				10.4					52	56.2				55				38
11	11.8	0.8	1.7	1.5	11.4		0.9		3	55	59.2			3	58				40
12	13				12.5					56	60.2	2			59				41
13	14.1				13.6	+0.11 0		0.9	4	58	62.2				61				43
14	15.1				14.6				5	60	64.2		5.2		63	+0.30 0			44
15	16.2				15.7				6	62	66.2				65				45
16	17.3		2.1	1.7	16.8				7	63	67.2				66			4.5	46
17	18.3				17.8			1.2	8	65	69.2				68		2.2		48
18	19.5	1			19		1.1		9	68	72.5		5.7		71				50
19	20.5				20	+0.13 0			10	70	74.5				73				53
20	21.5				21			1.5	10	72	76.5				75				55
21	22.5		2.5		22				11	75	79.5		6.3		78				56
22	23.5				23				12	78	82.5				81				60
24	25.9		2		25.2				13	80	85.5				83.5				63
25	26.9		2.8		26.2	+0.21 0	1.8		14	82	87.5	2.5	6.8		85.5		2.7		65
26	27.9				27.2				15	85	90.5				88.5				68
28	30.1	1.2			29.4		1.3		17	88	93.5		7.3		91.5	+0.35 0			70
30	32.1		3.2		31.4			2.1	18	90	95.5				93.5			5.3	72
31	33.4				32.7				19	92	97.5				95.5				73
32	34.4				33.7			2.6	20	95	100.5		7.7		98.5				75
34	36.5				35.7				22	98	103.5				101.5				78
35	37.8			2.5	37				23	100	105.5				103.5				80
36	38.8		3.6		38	+0.25 0		3	24	102	108		8.1		106				82
37	39.8				39				25	105	112				109				83
38	40.8	1.5			40		1.7		26	108	115		8.8		112	+0.54 0			86
40	43.5		4		42.5				27	110	117	3		4	114		3.2	6	88
42	45.5				44.5			3.8	29	112	119				116				89
45	48.5		4.7	3	47.5				31	115	122		9.3		119				90
47	50.5				49.5				32	120	127				124	+0.63			95

注:尺寸 m 的极限偏差:当 $d_0\leqslant100$ 时为 $^{+0.14}_{0}$;当 $d_0>100$ 时为 $^{+0.18}_{0}$。

11.2　键与花键连接

表 11 - 21　平键键槽剖面尺寸(GB/T 1095—2003)

普通型平键(GB/T 1096—2003)　　　　　　　　　　　　　　　mm

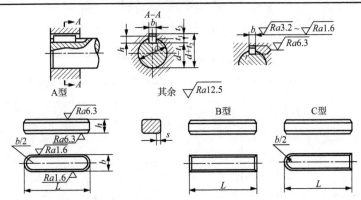

标记示例:键　A16×100　GB/T 1096(普通 A 型平键,$b=50$ mm,$h=10$ mm,$L=100$ mm)
　　　　　键　B16×100　GB/T 1096(普通 B 型平键,$b=50$ mm,$h=10$ mm,$L=100$ mm)
　　　　　键　C16×100　GB/T 1096(普通 C 型平键,$b=50$ mm,$h=10$ mm,$L=100$ mm)

轴公称直径 d	键尺寸 $b×h$	基本尺寸 b	正常连接 轴 N9	正常连接 毂 Js9	紧密连接 轴和毂 P9	松连接 轴 H9	松连接 毂 D10	轴 t_1 基本尺寸	轴 t_1 极限偏差	毂 t_2 基本尺寸	毂 t_2 极限偏差	半径 r 最小	半径 r 最大
自 6～8	2×2	2	−0.004 −0.029	±0.012 5	−0.006 −0.031	+0.025 0	+0.060 +0.020	1.2	+0.1 0	1	+0.1 0	0.08	0.16
>8～10	3×3	3						1.8		1.4			
>10～12	4×4	4	0 −0.030	±0.015	−0.012 −0.042	+0.030 0	+0.078 +0.030	2.5		1.8		0.16	0.25
>12～17	5×5	5						3.0		2.3			
>17～22	6×6	6						3.5		2.8			
>22～30	8×7	8	0 −0.036	±0.018	−0.015 −0.051	+0.036 0	+0.098 +0.040	4.0		3.3		0.25	0.40
>30～38	10×8	10						5.0		3.3			
>38～44	12×8	12	0 −0.043	±0.021 5	−0.018 −0.061	+0.043 0	+0.120 +0.050	5.0		3.3			
>44～50	14×9	14						5.5		3.8			
>50～58	16×10	16						6.0	+0.2 0	4.3	+0.2 0		
>58～65	18×11	18						7.0		4.4			
>65～75	20×12	20	0 −0.052	±0.026	−0.022 −0.074	+0.052 0	+0.149 +0.065	7.5		4.9		0.40	0.60
>75～85	22×14	22						9.0		5.4			
>85～95	25×14	25						9.0		5.4			
>95～110	28×16	28						10.0		6.4			

键的长度系列	6, 8, 10, 12, 14, 16, 18, 20, 22, 25, 28, 32, 36, 40, 45, 50, 56, 63, 70, 80, 90, 100, 110, 125, 140, 160, 180, 200, 220, 250, 280, 320, 360

注:(1) 在工作图中,轴槽深用 t_1 或 $d-t_1$ 标注,轮毂槽深用 $d+t_2$ 标注。

(2) $d-t_1$ 和 $d+t_2$ 两组合尺寸的极限偏差按相应的 t_1 和 t_2 极限偏差选取,但 $d-t_1$ 极限偏差应取负号。

(3) 轴槽及轮毂槽的宽度 b 对轴及轮毂轴心线的对称度一般可按表 10-10 中的对称度公差 7～9 级选取。

(4) 若轴公称直径 d 尺寸不属于标准内容,仅供选择键尺寸时参考。

表 11-22　矩形花键(GB/T 1144—2001)　　　　mm

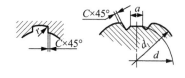

标记示例:

花键 $N=6$, $d=23\dfrac{\text{H7}}{\text{f7}}$, $D=26\dfrac{\text{H10}}{\text{a11}}$, $B=6\dfrac{\text{H11}}{\text{d10}}$ 的标记为: 花键副 $6\times23\dfrac{\text{H7}}{\text{f7}}\times26\dfrac{\text{H10}}{\text{a11}}\times6\dfrac{\text{H11}}{\text{d10}}$ GB/T 1144

内花键 $6\times23\text{H7}\times26\text{H10}\times6\text{H11}$　GB/T 1144；外花键 $6\times23\text{f7}\times26\text{a11}\times6\text{d10}$　GB/T 1144

基本尺寸系列和键槽截面尺寸

小径 d	轻系列					中系列				
	规格 $N\times d\times D\times B$	C	r	d_{1min}	a_{min}	规格 $N\times d\times D\times B$	C	r	d_{1min}	a_{min}
				参考					参考	
18						6×18×22×5			16.6	1.0
21						6×21×25×5	0.3	0.2	19.5	2.0
23	6×23×26×6	0.2	0.1	22	3.5	6×23×28×6			21.2	1.2
26	6×26×30×6			24.5	3.8	6×26×32×6			23.6	1.2
28	6×28×32×7			26.6	4.0	6×28×34×7			25.3	1.4
32	8×32×36×6	0.3	0.2	30.3	2.7	8×32×38×6	0.4	0.3	29.4	1.0
36	8×36×40×7			34.4	3.5	8×36×42×7			33.4	1.0
42	6×42×46×8			40.5	5.0	8×42×48×8			39.4	2.5
46	8×46×50×9			44.6	5.7	8×46×54×9			42.6	1.4
52	8×52×58×10			49.6	4.8	8×52×60×10	0.5	0.4	48.6	2.5
56	8×56×62×10			53.5	6.6	8×56×65×10			52.0	2.5
62	8×62×68×12			59.7	7.3	8×62×72×12			57.7	2.4
72	10×72×78×12	0.4	0.3	69.6	5.4	10×72×82×12			67.4	1.0
82	10×82×88×12			79.3	8.5	10×82×92×12	0.6	0.5	77.0	2.9
92	10×92×98×14			89.6	9.9	10×92×102×14			87.3	4.5
102	10×102×108×16			99.6	11.3	10×102×112×16			97.7	6.2

内、外花键的尺寸公差

内花键				外花键			装配形式
d	D	B 拉削后不热处理	拉削后热处理	d	D	B	
一般用公差带							
H7	H10	H9	H11	f7	a11	d10	滑动
				g7		f9	紧滑动
				h7		h10	固定
精密传动用公差带							
H5	H10	H7、H9		f5	a11	d8	滑动
				g5		f7	紧滑动
				h5		h8	固定
H6				f6		d8	滑动
				g6		f7	紧滑动
				h6		d8	固定

注:(1) N——键数、D——大径、B——键宽,d_1 和 a 值仅适用于展成法加工。

(2) 精密传动用的内花键,当需要控制键侧配合间隙时,槽宽可选用 H7,一般情况下可选用 H9。

(3) d 为 H6 和 H7 的内花键,允许与提高一级的外花键配合。

11.3　销连接

表 11-23　开口销(GB/T 91—2000)

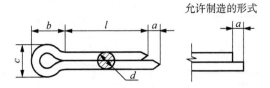

允许制造的形式

标记示例:

公称直径 $d=5$ mm、长度 $l=50$ mm、材料为 Q215 或 Q235、不经表面处理的开口销的标记为:

销 GB/T 91　5×50

公称直径 d		0.6	0.8	1	1.2	1.6	2	2.5	3.2	4	5	6.3	8	10	13
a	max		1.6				2.5				4			6.3	
c	max	1	1.4	1.8	2	2.8	3.6	4.6	5.8	7.4	9.2	11.8	15	19	24.8
	min	0.9	1.2	1.6	1.7	2.4	3.2	4	5.1	6.5	8	10.3	13.2	16.6	21.7
$b\approx$		2	2.4	3	3	3.2	4	5	6.4	8	10	12.6	16	20	26
l（公称）		4~12	5~16	6~20	8~26	8~32	10~40	12~50	14~63	18~80	22~100	30~120	40~160	45~200	71~250
l（公称）的系列		4,5,6~32（2进位）,36,40,45,50,56,63,71,80,90,100,112,125,140~200（20进位）,224,250,280													

表 11-24　圆柱销(GB 119—86)**和圆锥销**(GB 117—86)　　　　　mm

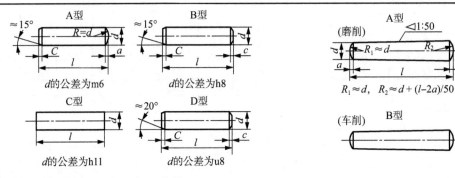

标记示例:

公称直径 $d=8$、长度 $l=30$、材料为 35 钢、热处理硬度 28~38 HRC、表面氧化处理 A 型圆柱销（A 型圆锥销）的标记:

销 GB 119—86　A8×30（GB 117—86　A8×30）

注:材料一般为 35、45 钢。

公称直径 d			4	5	6	8	10	12	16	20	25
圆柱销	$a\approx$		0.5	0.63	0.8	1.0	1.2	1.6	2.0	2.5	3.0
	$C\approx$		0.63	0.8	1.2	1.6	2.0	2.5	3.0	3.5	4.0
	l（公称）		8~40	10~50	12~60	14~80	18~95	22~140	26~180	35~200	50~200
圆锥销	d	min	3.95	4.95	5.95	7.94	9.94	11.93	15.93	19.92	24.92
		max	4	5	6	8	10	12	16	20	25
	$a\approx$		0.5	0.63	0.8	1.0	1.2	1.6	2.0	2.5	3.0
	l（公称）		14~55	18~60	22~90	22~120	26~160	32~180	40~200	45~200	50~200
l（公称）的系列			12~32（2进位）,35~100（5进位）,100~200（20进位）								

表 11－25　内螺纹圆柱销、圆锥销(GB/T 120.1—2000,GB/T 118—2000)　　mm

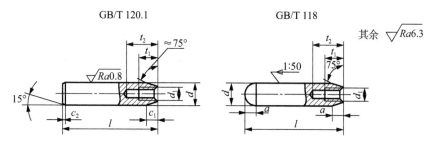

标记示例:

公称直径 $d＝6$ mm、公差为 m6、公称长度 $l＝30$ mm、不经淬火、不经表面处理的内螺纹圆柱销的标记:

销 GB/T 120.1　6×30

公称直径 $d＝6$ mm、公称长度 $l＝30$ mm、材料为 35 钢、热处理硬度 28～38 HRC、表面氧化处理的 A 型内螺纹圆锥销的标记:

销 GB/T 118　6×30

	d　m6	6	8	10	12	16	20	25	30	40	50
内螺纹圆柱销	$c_1 ≈$	0.8	1	1.2	1.6	2	2.5	3	4	5	6.3
	$c_2 ≈$	1.2	1.6	2	2.5	3	3.5	4	5	6.3	8
	d_1	M4	M5	M6	M6	M8	M10	M16	M20	M20	M24
	t_1	6	8	10	12	16	18	24	30	30	36
	t_2(min)	10	12	16	20	25	28	35	40	40	50
	l(公称)	16～60	18～80	22～100	26～120	32～160	40～200	50～200	60～200	80～200	100～200
	材料	不淬硬钢,硬度 125～245 HV30;奥氏体不锈钢,硬度 210～280 HV30									
内螺纹圆锥销	d　h10	6	8	10	12	16	20	25	30	40	50
	d_1	M4	M5	M6	M8	M10	M12	M16	M20	M20	M24
	t_1	6	8	10	12	16	18	24	30	30	36
	t_2(min)	10	12	16	20	25	28	35	40	40	50
	$a ≈$	0.8	1	1.2	1.6	2	2.5	3	4	5	6.3
	l(公称)	16～60	18～80	22～100	26～120	32～120	45～200	50～200	60～200	80～200	120～200
	材料	易切钢 Y12、Y15;碳素钢 35(28～38 HRC)、45(38～46 HRC);合金钢;不锈钢									
		锥表面粗糙度:A 型(磨削),$Ra＝0.8$ μm;B 型(切削或冷镦),$Ra＝3.2$ μm									
l(公称)的系列		16～32(2 进位),35～100(5 进位),100～200(20 进位)									

注:淬硬钢内螺纹圆柱销规格详见 GB/T 120.2—2000。

第 12 章　电动机与联轴器

12.1　电动机

常用的电动机为 Y 系列三相异步电动机。小型的三相异步电动机为一般用途笼型封闭自扇冷式电动机,具有防尘特点,B 级绝缘,可采用全压或降压启动。该类电机的工作条件为:环境温度 -15~+40℃,相对湿度不超过 90%,海拔高度不超过 1000 m,电源额定电压 380 V,频率 50 Hz。

表 12-1　Y 系列三相异步电动机

电动机型号	额定功率/kW	满载转速/(r/min)	堵转转矩/额定转矩	最大转矩/额定转矩	质量/kg	电动机型号	额定功率/kW	满载转速/(r/min)	堵转转矩/额定转矩	最大转矩/额定转矩	质量/kg
同步转速 3000 r/min(2极)						同步转速 1500 r/min(4极)					
Y801-2	0.75	2825			16	Y801-4	0.55	1390	2.4		17
Y802-2	1.1				17	Y802-4	0.75				18
Y90S-2	1.5	2840			22	Y90S-4	1.1	1400	2.3		22
Y90L-2	2.2		2.2		25	Y90L-4	1.5				27
Y100L-2	3	2880			33	Y100L1-4	2.2	1420			34
Y112M-2	4	2890		2.3	45	Y100L2-4	3			2.3	38
Y132S1-2	5.5	2900			64	Y112M-4	4				43
Y132S2-2	7.5				70	Y132S-4	5.5	1440			68
Y160M1-2	11				117	Y132M-4	7.5		2.2		81
Y160M2-2	15	2930			125	Y160M-4	11	1460			123
Y160L-2	18.5		2.0		147	Y160L-4	15				144
Y180M-2	22	2940			180	Y180M-4	18.5				182
Y200L1-2	30	2950		2	240	Y180L-4	22	1470	2.0		190
Y200L2-2	37				255	Y200L-4	30			2.2	270
Y255M-2	45	2970			309	Y225S-4	37	1480	1.9		284
同步转速 1000 r/min(6极)						Y225M-4	45				320
Y90S-6	0.75	910			23	Y250M-4	55		2.0		427
Y90L-6	1.1				25	同步转速 750 r/min(8极)					
Y100L-6	1.5	940		2.2	33	Y132S-8	2.2	710			63
Y112M-6	2.2				45	Y132M-8	3				79
Y132S-6	3		2.0		63	Y160M1-8	4	720	2.0		118
Y132M1-6	4	960			73	Y160M2-8	5.5				119
Y132M2-6	5.5				84	Y160L-8	7.5				145
Y160M-6	7.5				119	Y180L-8	11	730	1.7	2.0	184
Y160L-6	11				147	Y200L-8	15		1.8		250
Y180L-6	15	970		2.0	195	Y225S-8	18.5		1.7		266
Y200L1-6	18.5		1.8		220	Y225M-8	22				292
Y200L2-6	22				250	Y250M-8	30		1.8		405
Y225M2-6	30	980	1.7		292	Y280S-8	37	740			520

电动机型号含义：以 Y132S2-2-B3 为例，Y 表示系列代号，132 表示机座中心高，S 表示短机座（M 为中机座，L 表示长机座），2 表示第二种铁芯长度，2 表示电动机的极数，B3 表示安装形式。

表 12 - 2　Y 系列三相异步电动机的外形和安装尺寸 mm

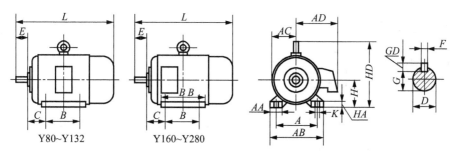

Y80~Y132　　Y160~Y280

B₃ 型，机座带底脚，端盖无凸缘

电动机型号	尺寸																			
					D		E		F×GD		G									L	
	H	A	B	C	2极	4,6,8,10极	2极	4,6,8,10极	2极	4,6,8,10极	2极	4,6,8,10极	K	AB	AD	AC	HD	AA	BB	HA	2极	4,6,8,10极
Y80	80	125	100	50	19		40		6×6		15.5		10	160	150	85	170	34	130	10	385	
Y90S	90	140	100	56	24		50		8×7		20		10	180	155	90	190	36	130	12	310	
Y90L	90	140	125	56	24		50		8×7		20		10	180	155	90	190	36	155	12	335	
Y100L	100	160	140	63	28		60		8×7		24		12	205	180	105	245	40	176	14	380	
Y112M	112	190	140	70	28		60		8×7		24		12	245	190	115	265	50	180	15	400	
Y132S	132	216	140	89	38		80		10×8		33		12	280	210	135	315	60	200	18	475	
Y132M	132	216	178	89	38		80		10×8		33		12	280	210	135	315	60	238	18	515	
Y160M	160	254	210	108	42		110		12×8		37		15	325	255	165	385	70	270	20	600	
Y160L	160	254	254	108	42		110		12×8		37		15	325	255	165	385	70	314	20	645	
Y180M	180	279	241	121	48		110		14×9		42.5		15	355	285	180	430	70	311	22	670	
Y180L	180	279	279	121	48		110		14×9		42.5		15	355	285	180	430	70	349	22	710	
Y200L	200	318	305	133	55		110		14×9		49		19	395	310	200	475	70	379	25	775	
Y225S	225	356	286	149	55	60	110	140	16×10	18×11	49	53	19	435	345	225	530	75	368	28		820
Y225M	225	356	311	149	55	60	110	140	16×10	18×11	49	53	19	435	345	225	530	75	393	28	815	845
Y250M	250	406	349	168	60	65	140		18×11		53	58	24	490	385	250	575	80	455	30	930	

表 12-3　Y 系列三相异步电动机的安装代号

安装形式	B3	V5	V6	B6	B7	B8
示意图	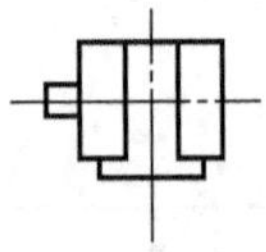	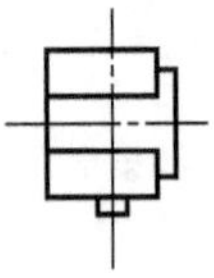	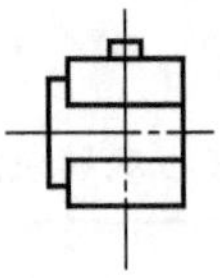	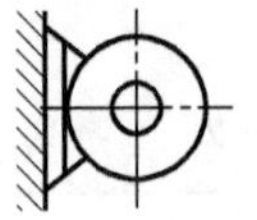	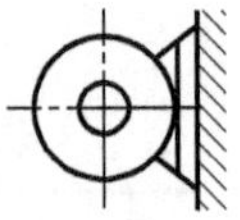	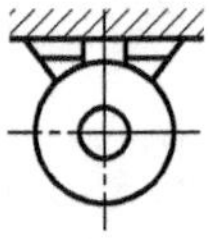
安装形式	B5	V1	V3	B35	V15	V36
示意图	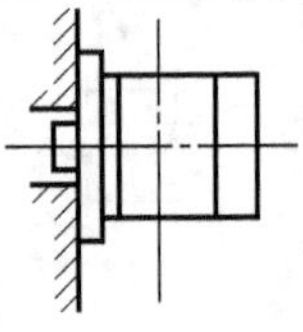	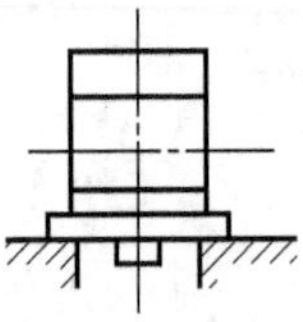	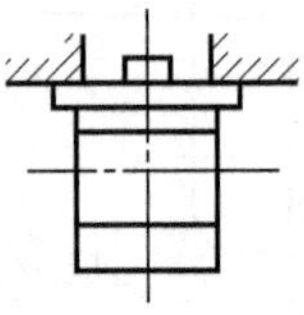	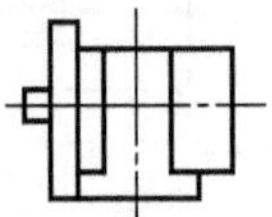	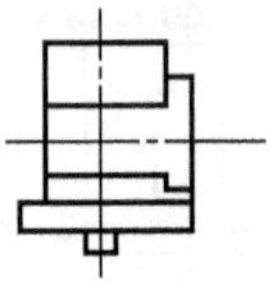	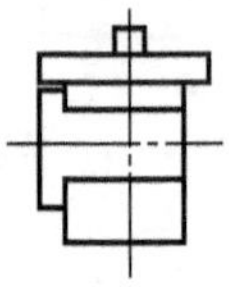
安装形式	V18	V19	B14	B34		
示意图	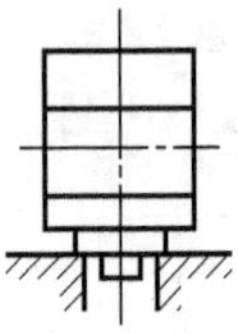	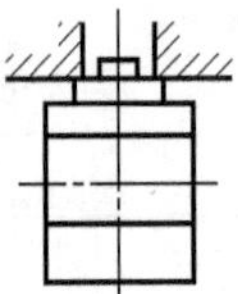	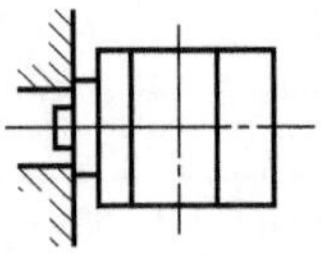	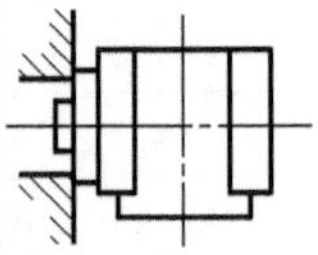		

表 12-4　Y 系列三相异步电动机的参考比价

功率/kW		0.55	0.75	1.1	1.5	2.2	3	4	5.5	7.5	11	15	18.5	22	30	37	45	55
极数	2	—	1.07	1.15	1.30	1.41	1.87	2.26	3.15	3.44	5.09	5.65	6.09	7.74	10.5	11.5	15.2	18.9
	4	1.00	1.13	1.26	1.35	1.67	1.87	2.22	3.09	3.52	5.00	5.96	7.44	8.89	10.9	12.9	14.1	17.8
	6	—	1.26	1.35	1.78	2.22	3.09	3.48	3.70	5.00	5.96	8.89	9.91	10.9	14.1	17.8	—	—
	8	—	—	—	—	3.09	3.52	5.00	5.48	5.96	8.89	10.9	12.9	14.1	17.8	—	—	—

注:本表以 4 极(同步转速 1 500 r/min)、功率为 0.55 kW 的电动机价为 1.00 计算,表中数值为相对值仅供参考。

12.2　联轴器

表 12-5　联轴器轴孔和联结型式与尺寸(GB/T 3852—2017)　　mm

轴孔型式及代号				
Y 型(长圆柱形轴孔)	J 型(有沉孔的短圆柱形轴孔)	J₁ 型(无沉孔的短圆柱形轴孔)	Z 型(有沉孔的长圆锥形轴孔)L₁　Z₂ 型(有沉孔的短圆锥形轴孔)L₂	Z₁ 型(无沉孔的长圆锥形轴孔)　Z₃ 型(无沉孔的短圆锥形轴孔)
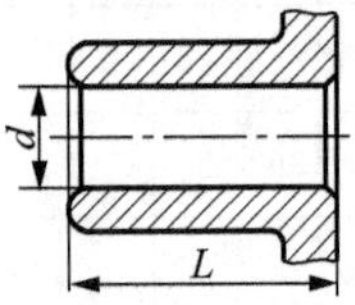	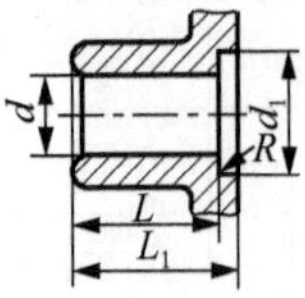	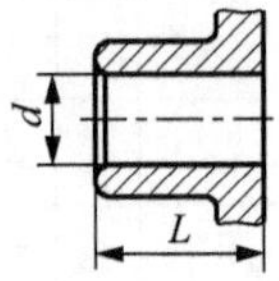	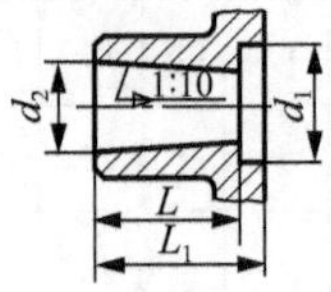	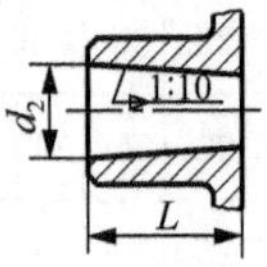

续表

联结形式及代号

A型	B型	B₁型	C型
	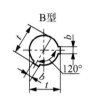		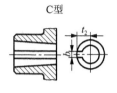

圆锥形轴孔和C型键槽尺寸

直径 d,d_z	沉孔尺寸 d_1	R	C型键槽 b	t_2（Z、Z_1型）	t_2（Z_2、Z_3型）	极限偏差
16	38		3	8.7	9.0	
18				10.1	10.4	
19		1.5	4	10.6	10.9	
20				10.9	11.2	
22				11.9	12.2	
24				13.4	13.7	+0.1 / 0
25	48			13.7	14.2	
28			5	15.2	15.7	
30				15.8	16.4	
32	55			17.3	17.9	
35		2	6	18.8	19.4	
38	65			20.3	20.9	
40	65		10	21.2	21.9	
42				22.2	22.9	
45	80	2		23.7	24.7	
48			12	25.2	25.9	
50				26.2	26.9	
55	95		14	29.2	29.9	+0.2 / 0
56				29.7	30.4	
60				31.7	32.5	
63	105	2.5	16	32.2	34	
65				34.2	35	
70	120		18	36.8	37.6	
71				37.3	38.1	
75	120		18	39.3	40.1	
80	140		20	41.6	42.6	
85				44.1	45.1	
90	160		22	47.1	48.1	
95		3		49.6	50.6	
100	180		25	51.3	52.4	+0.2 / 0
110				56.3	57.4	
120	210			62.3	63.4	
125			28	64.8	65.9	
130	235	4		66.4	67.6	
140				72.4	73.6	
150	265		32	77.4	78.6	

轴孔与轴伸的配合、键槽宽度 b 的极限偏差

d,d_z	圆柱形轴孔与轴伸的配合	圆锥形轴孔与轴伸的配合	C型键槽宽 b 的极限偏差
6～30	H7/j6		
>30～50	H7/k6　（根据使用要求也可选用 H7/r6 或 H7/n6 和 H7/p6）	H8/k8	P9（也可采用 JS9）
>50	H7/m6		

注：A、B、B₁型轴孔键槽有关尺寸 b、t、t_1 按 GB/T 1095—2003 查得。

表 12 - 6　凸缘联轴器(GB/T 5843—2003)

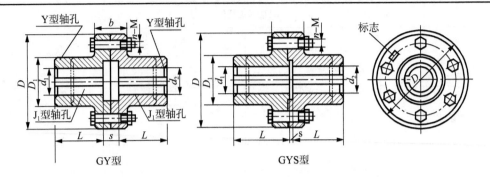

GY型　　　　　　　　GYS型

标记示例:GY5 联轴器 $\dfrac{J_1 30 \times 60}{J_1 B28 \times 44}$ GB/T 5843—2003

主动端:J_1 型轴孔,A 型键槽,$d = 30$ mm,$L = 60$ mm
从动端:J_1 型轴孔,B 型键槽,$d = 28$ mm,$L = 44$ mm

型号	公称转矩 T_n/(N·m)	许用转速 n/(r/min)	轴孔直径 d_1, d_2/mm	轴孔长度 L/mm Y 型	轴孔长度 L/mm J_1 型	D /mm	D_1 /mm	b /mm	s /mm	转动惯量 I/(kg·m²)	质量 m/kg
GY1 GYS1	25	12 000	12,14	32	27	80	30	26		0.008	1.16
			16,18,19	42	30						
GY2 GYS2	63	10 000	16,18,19	42	30	90	40	28	6	0.001 5	1.72
			20,22,24	52	38						
			25	62	44						
GY3 GYS3	112	9 500	20,22,24	52	38	100	45	30		0.002 5	2.38
			25,28	62	44						
GY4 GYS4	224	9 000	25,28	62	44	105	55	32		0.003	3.15
			30,32,35	82	60						
GY5 GYS5	400	8 000	30,32,35,38	82	60	120	68	36		0.007	5.43
			40,42	112	84						
GY6 GYS6	900	6 800	38	82	60	140	80	40	8	0.015	7.59
			40,42,45,48,50	112	84						
GY7 GYS7	1 600	6 000	48,50,55,56	112	84	160	100	40		0.031	13.1
			60,63	1 142	107						
GY8 GYS8	3 150	4 800	60,63,65,70,71,75	142	107	200	130	50		0.103	27.5
			80	172	132						
GY9 GYS9	6 300	3 600	75	142	107	260	160	66		0.319	47.8
			80,85,90,95	172	132						
			100	212	167				10		
GY10 GYS10	10 000	3 200	90,95	172	132	300	200	72		0.720	82.0
			100,110,120,125	212	167						
GY11 GYS11	25 000	2 500	120,125	212	167	380	260	80		2.278	162.2
			130,140,150	252	202						
			160	302	242						
GY12 GYS12	50 000	2 000	150	252	202	460	320	92	12	5.923	285.6
			160,170,180	302	242						
			190,200	352	282						

注:(1) 质量、转动惯量是按 GY 型联轴器 Y/J_1 轴孔组合型式和最小轴孔直径计算的。

(2) 本联轴器不具备径向、轴向和角向的补偿性能,刚性好,传递转矩大,结构简单,工作可靠,维护简便,适用于两轴对中精度良好的一般轴系传动。

表 12-7 LT型弹性套柱销联轴器(GB/T 4323—2017)

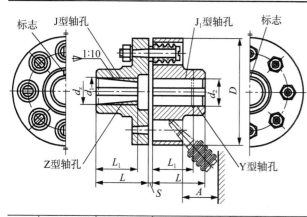

标记示例:LT5 联轴器 $\dfrac{\text{J}_1 30 \times 50}{\text{J}_1 35 \times 50}$ GB/T 4323—2017

主动端:J_1 型轴孔,A 型键槽,$d = 30$ mm,$L = 50$ mm

从动端:J_1 型轴孔,B 型键槽,$d = 35$ mm,$L = 50$ mm

型号	公称转矩 $T_n/(\text{N} \cdot \text{m})$	许用转速 $n/(\text{r/min})$	轴孔直径 $d_1,d_2,d_z/\text{mm}$	轴孔长度 L/mm			D	S	A	质量 m/kg	转动惯量 $I/(\text{kg} \cdot \text{m}^2)$	许用补偿量	
				Y型	J,J_1,Z型							径向 $\Delta y/\text{mm}$	角向 $\Delta \alpha$
				L	L_1	L $L_{推荐}$	/mm						
LT1	6.3	8 800	9	20	14	—	25	71	3	18	0.82	0.000 5	0.2	1°30′
			10,11	25	17									
			12,14	32	20									
LT2	16	7 600	12,14	32	20	35	80			1.20	0.000 8		
			16,18,19	42	30	42								
LT3	31.5	6 300	16,18,19	42	30	42	38	95			2.20	0.002 3		
			20,22	52	38	52			4	35				
LT4	63	5 700	20,22,24	52	38	52	40	106			2.84	0.003 7		
			25,28	62	44	62								
LT5	125	4 600	25,28	62	44	62	50	130			6.05	0.012 0	0.3	
			30,32,35	82	60	82			5	45				
LT6	250	3 800	32,35,38	82	60	82	55	160			9.57	0.028 0		
			40,42											
LT7	500	3 600	40,42,45,48	112	84	112	65	190			14.01	0.055 6		
LT8	710	3 000	45,48,50,55,56	112	84	112	70	224			23.12	0.134 0	0.4	1°
			60,63	142	107	142			6	65				
LT9	1 000	2 850	50,55,56	112	84	112	80	250			30.69	0.213 0		
			60,63,65,70,71	142	107	142								
LT10	2 000	2 300	63,65,70,71,75	142	107	142	100	315	8	80	61.40	0.660 0		
			80,85,90,95	172	132	172								
LT11	4 000	1 800	80,85,90,95	172	132	172	115	400	10	100	120.70	2.122 0	0.5	
			100,110	212	167	212								
LT12	8 000	1 450	100,110,120,125	212	167	212	135	475	12	130	210.34	5.390 0		0°30′
			130	252	202	252								
LT13	16 000	1 150	120,125	212	167	212	160	600	14	180	419.36	17.580 0	0.6	
			130,140,150	252	202	252								
			160,170	302	242	302								

注:(1) 质量、转动惯量根据材料为铸钢、无孔、$L_{推荐}$计算近似值。

(2) 本联轴器具有一定补偿两轴线相对偏移和减振缓冲能力,适用于安装底座刚性好、冲击载荷不大的中、小功率 轴系传动,可用于经常正反转、启动频繁的场合,工作温度为−20~70℃。

表 12-8 弹性柱销联轴器(GB/T 5014—2017)

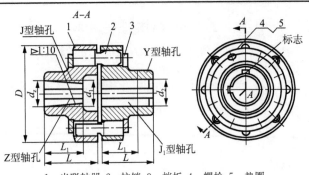

标记示例:

HL7 联轴器 $\dfrac{ZC75\times107}{JB70\times107}$ GB/T 5014—2017

主动端:Z 型轴孔,C 型键槽,$d_z=75$ mm,$L_1=107$ mm

从动端:J 型轴孔,B 型键槽,$d_z=70$ mm,$L_1=107$ mm

1—半联轴器;2—柱销;3—挡板;4—螺栓;5—垫圈

型号	公称转矩 T_n/(N·m)	许用转速 铁	许用转速 钢	轴孔直径* d_1,d_2,d_z/mm	Y型 L	J、J_1、Z型 L_1	J、J_1、Z型 L	D/mm	质量 m/kg	转动惯量 I/(kg·m²)	径向 Δy/mm	轴向 Δx/mm	角向 $\Delta\alpha$
HL1	160	7 100	7 100	12,14	32	27	32	90	2	0.006 4	0.15	±0.5	
				16,18,19	42	30	42						
				20,22,(24)	52	38	52						
HL2	315	5 600	5 600	20,22,24				120	5	0.253		±1	
				25,28	62	44	62						
				30,32,(35)	82	60	82						
HL3	630	5 000	5 000	30,32,35,38				100	8	0.6			
				40,42,(45),(48)	112	84	112						
HL4	1 250	2 800	4 000	40,42,45,48,50,55,56				195	22	3.4		±1.5	
				(60),(63)									
HL5	2 000	2 500	3 550	50,55,56,60,63,65,70,(71),(75)	142	107	142	220	30	5.4			≤0.5°
HL6	3 150	2 100	2 800	60,63,65,70,71,75,80				280	53	15.6			
				(85)	172	132	172						
HL7	6 300	1 700	2 240	70,71,75	142	107	142	320	98	41.1	0.20	±2	
				80,85,90,95	172	132	172						
				100,(110)									
HL8	10 000	1 600	2 120	80,85,90,95,100,110,(120),(125)	212	167	212	360	119	56.5			
HL9	16 000	1 250	1 800	100,110,120,125				410	197	133.3			
				130,(140)	252	202	252						
HL10	25 000	1 120	1 560	110,120,125	212	167	212	480	322	273.2	0.25	±2.5	
				130,140,150	252	202	252						
				160,(170),(180)	302	242	302						

注:(1) "*"栏内带( )的值仅适用于钢制联轴器。

(2) 轴孔型式及长度 L、L_1 可根据需要选取。

表 12-9　滚子链联轴器(GB/T 6069—2017)

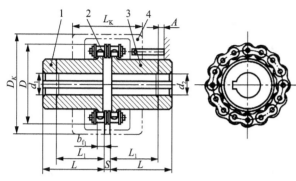

标记示例:

GL7 联轴器 $\dfrac{J_1 B45\times84}{J_1 B50\times84}$　GB/T 6069—2017

主动端:J_1 型轴孔,B 型键槽,$d_1=30$ mm,
　　　　$L=84$ mm

从动端:J_1 型轴孔,B 型键槽,$d_2=50$ mm,
　　　　$L=84$ mm

1、3—半联轴器;2—双排滚子链;3—罩壳

型号	公称转矩 T_n /(N·m)	许用转速 n/(r/min)		轴孔直径* d_1,d_2/mm	轴孔长度 $L、L_1$/mm		链号	齿数 Z	D	b_{f1}	S	A	D_K	L_K	许用补偿量 /mm	
		不装 罩壳	安装 罩壳		Y 型	J_1 型					/mm				径向 Δy	轴向 Δx
GL3	100	1 000	4 000	20,22,24	52	38	08B	14	38.8	7.2	6.7	12	85	80	0.25	1.9
				25	62	44						6				
GL4	160	1 000	4 000	24	52	—	08B	16	76.91	7.2	6.7	—	95	88	0.25	1.9
				25,28	60	44						6				
				30,32	82	60						—				
GL5	250	800	3 150	28	62	—	10A	16	94.46	8.9	9.2	—	112	100	0.32	2.3
				30,32,35,38	82	60										
				40	112	84										
GL6	400	630	2 500	32,35,38	82	60	10A	20	116.57	8.9	9.2	—	140	105	0.32	2.3
				40,42,45 48,50	112	84										
GL7	630	630	2 500	40,42,45 48,50,55	112	84	12A	18	127.78	11.9	10.9	—	150	122	0.38	2.8
				60	142	107										
GL8	1 000	500	2 240	45,48,50,55	112	84	16A	16	154.33	15	14.3	12	180	135	0.5	3.8
				60,65,70	142	107						—				
GL9	1 600	400	2 000	50,55	112	84	16A	20	186.5	15	14.3	12	215	145	0.5	3.8
				60,65,70,75	142	107						—				
				80	172	132										

注:带罩壳时标记加 F,如 GL7F 联轴器。

表 12-10　LM 型梅花形弹性联轴器(GB/T 5272—2017)

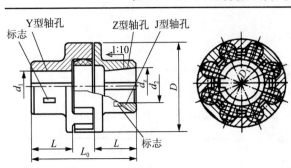

标记示例:

LM3 型联轴器$\dfrac{ZA30\times40}{YB25\times40}$MT3-a　GB/T 5272—2017

主动端:Z 型轴孔,A 型键槽,轴孔直径 $d_z=30$ mm,轴孔长度 $L_{推荐}=40$ mm

从动端:Y 型轴孔,B 型键槽,轴孔直径 $d_1=25$ mm,轴孔长度 $L_{推荐}=40$ mm

MT3 型弹性件为 a

型号	公称转矩 T_n/(N·m) 弹性件硬度 a/HA 80±5	b/HD 60±5	许用转速 n/(r/min)	轴孔直径 d_1,d_2,d_z/mm	轴孔长度/mm Y 型	Z,J 型	$L_{推荐}$ /mm	L_0 /mm	D /mm	弹性件型号	质量 m/kg	转动惯量 I/(kg·m²)	径向 Δy /mm	轴向 Δx /mm	角向 $\Delta \alpha$
LM1	25	45	15 300	12,14	32	27	35	86	50	MT1^a_b	0.66	0.002	0.5	1.2	
				16,18,19	42	30									
				20,22,24	52	38									
				25	62	44									
LM2	50	100	12 000	16,18,19	42	30	38	95	60	MT2^a_b	0.93	0.004		1.5	2°
				20,22,24	52	38									
				25,28	62	44									
				30	82	60									
LM3	100	200	10 900	20,22,24	52	38	40	103	70	MT3^a_b	1.41	0.009	0.8	2	
				25,28	62	44									
				30,32	82	60									
LM4	140	280	9 000	22,24	52	38	45	114	85	MT4^a_b	2.18	0.002 0		2.5	
				25,28	62	44									
				30,32,35,38	82	60									
				40	112	84									
LM5	350	400	7 300	25,28	62	44	50	127	105	MT5^a_b	3.60	0.005 0		3	
				30,32,35,38	82	60									
				40,42,45	112	84									
LM6	400	710	6 100	30,32,35,38	82	60	55	143	125	MT6^a_b	6.07	0.011 4	1.0		
				40,42,45,48	112	84									
LM7	630	1 120	5 300	35*,38*	82	60	60	159	145	MT7^a_b	9.09	0.023 2		3.5	1.5°
				40*,42*,45,48,50,55	112	84									
LM8	1 120	2 240	4 500	45*,48*,50,55,56	112	84	70	181	170	MT8^a_b	13.56	0.046 8		4	
				60,63,65	142	107									
LM9	1 800	3 550	3 800	50*,55*,56*	112	84	80	208	200	MT9^a_b	21.40	0.104 1	1.5	4.5	1°
				60,63,65,70,71,75	142	107									
				80	172	132									

注:(1) 带"*"者轴孔直径可用于 Z 型轴孔。

(2) 表中 a、b 为弹性件硬度代号。

(3) 本联轴器补偿两轴的位移量较大,有一定的弹性和缓冲性,常用于中小功率、中高速、启动频繁有正反转变化和要求、工作可靠的部位。由于安装时需轴向移动两半联轴器,不适宜用于大型、重型设备上。工作温度为 -35~80℃。

表 12-11　尼龙滑块联轴器(JB/ZQ 4384—2006)

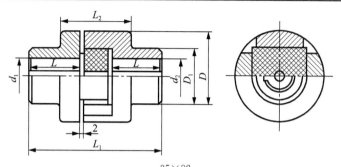

标记示例:WH6 联轴器 $\dfrac{35\times82}{J_1\,38\times60}$　JB/ZQ 4384—2006

主动端:Y 型轴孔,A 型键槽,轴孔直径 $d_1=35$ mm,轴孔长度 $L=85$ mm

从动端:J_1 型轴孔,A 型键槽,轴孔直径 $d_2=38$ mm,轴孔长度 $L=60$ mm

型号	公称转矩 T_n/(N·m)	许用转速 n/(r/min)	轴孔直径 d_1,d_2/mm	轴孔长度 L/mm Y型	J_1型	D/mm	D_1/mm	L_2/mm	L_1/mm	质量 m/kg	转动惯量 I/(kg·m²)
WH1	16	10 000	10,11	25	22	40	30	52	67	0.6	0.000 7
			12,14	32	27				81		
WH2	31.5	8 200	12,14			50	32	56	86	1.5	0.003 8
			16,(17),18	42	30				106		
WH3	73	7 000	(17),18,19			70	40	60		1.8	0.006 3
			20,22	52	38				126		
WH4	160	5 700	20,22,24			80	50	64		2.5	0.013
			25,28	62	44				146		
WH5	280	4 700	25,28			100	70	75	151	5.8	0.045
			30,32,35	82	60				191		
WH6	500	3 800	30,32,35,38			120	80	90	201	9.5	0.12
			40,42,45						261		
WH7	900	3 200	40,42,45,48	112	84	150	100	120	266	25	0.43
			50,55								
WH8	1 800	2 400	50,55			190	120	150	276	55	1.98
			60,63,65,70	142	107				336		
WH9	3 550	1 800	65,70,75			250	150	180	346	85	4.9
			80,85	172	132				406		
WH10	5 000	1 500	80,85,90,95			330	190	180		120	7.5
			100	212	167				486		

注:(1) 装配时两轴的许用补偿量:轴向,$\Delta x=1\sim2$ mm;径向,$\Delta y\leqslant0.2$ mm;角向,$\Delta\alpha\leqslant0°40'$。

(2) 括号内的数值尽量不用。

(3) 本联轴器具有一定补偿两轴相对偏移量、减振和缓冲性能,适用于中小功率、转速较高、转矩较小的轴系传动,
如控制器、油泵装置等。工作温度为 $-20\sim70℃$。

第 13 章　滚动轴承

表 13-1　常用滚动轴承的类型及代号（GB/T 272—2017）

轴承名称	原(旧)标准					新标准		
	宽度系列代号	结构代号	类型代号	直径系列代号	轴承代号	类型代号	尺寸系列代号	轴承代号
深沟球轴承	0	00	0	1	100	6	(1)0	6000
				2	200		(0)2	6200
				3	300		(0)3	6300
				4	400		(0)4	6400
调心球轴承	0	00	1	2	1200	1	(0)2	1200
				5	1500	(1)	22	2200
				3	1300	1	(0)3	1300
				6	1600	(1)	23	2300
外圈无挡边圆柱滚子轴承	0	00	2	2	2200	N	(0)2	N200
				3	2300		(0)3	N300
				4	2400		(0)4	N400
内圈无挡边圆柱滚子轴承	0	03	2	2	32200	NU	(0)2	NU200
				3	32300		(0)3	NU300
角接触球轴承	0	03	6	1	3 4-5 {6100 6200 6300 6400}	7	(1)0	7000
		04		2			(0)3	7200
		06		3			(0)3	7300
				4			(0)4	7400
圆锥滚子轴承	0	00	7	2	7200	3	02	30200
				3	7300		03	30300
				5	7500		22	32200
推力球轴承	0	00	8	1	8100	5	11	51100
				2	8200		12	51200
				3	8300		13	51300
				4	8400		14	51400
双向推力球轴承	0	03	8	2	38200	5	22	52200
				3	38300		23	52300
				4	38400		24	52400

注：括号"()"中的数字在代号中可省略。

表 13－2　深沟球轴承(GB/T 276—2013)

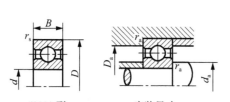

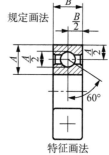

60000 型　　　　　安装尺寸

标记示例：滚动轴承　6210　GB/T 276—2013

规定画法

特征画法

F_a/C_{0r}	e	Y	径向当量动载荷	径向当量静载荷
0.014	0.19	2.30		
0.028	0.22	1.99		
0.056	0.26	1.71		
0.084	0.28	1.55	当 $\dfrac{F_a}{F_r}\leqslant e$ 时，$P_r=F_r$	$P_{0r}=F_r$
0.11	0.30	1.45		$P_{0r}=0.6F_r+0.5F_a$
0.17	0.34	1.31	当 $\dfrac{F_a}{F_r}>e$ 时，$P_r=0.56F_r+YF_a$	取上列两式计算结果的大值
0.28	0.38	1.15		
0.42	0.42	1.04		
0.56	0.44	1.00		

轴承代号	基本尺寸/mm				安装尺寸/mm			基本额定动载荷 C_r/kN	基本额定静载荷 C_{0r}/kN	极限转速/(r/min)		原轴承代号
	d	D	B	r_s (min)	d_a (min)	D_a (max)	r_a (max)			脂润滑	油润滑	
（1）0 尺寸系列												
6000	10	26	8	0.3	12.4	23.6	0.3	4.58	1.98	20 000	28 000	100
6001	12	28	8	0.3	14.4	25.6	0.3	5.10	2.38	19 000	26 000	101
6002	15	32	9	0.3	17.4	29.6	0.3	5.58	2.85	18 000	24 000	102
6003	17	35	10	0.3	19.4	32.6	0.3	6.00	3.25	17 000	22 000	103
6004	20	42	12	0.6	25	37	0.6	9.38	5.02	15 000	19 000	104
6005	25	47	12	0.6	30	42	0.6	10.0	5.85	13 000	17 000	105
6006	30	55	13	1	36	49	1	13.2	8.30	10 000	14 000	106
6007	35	62	14	1	41	56	1	16.2	10.5	9 000	12 000	107
6008	40	68	15	1	46	62	1	17.0	11.8	8 500	11 000	108
6009	45	75	16	1	51	69	1	21.0	14.8	8 000	10 000	109
6010	50	80	16	1	56	74	1	22.0	16.2	7 000	9 000	110
6011	55	90	18	1.1	62	83	1	30.2	21.8	6 300	8 000	111
6012	60	95	18	1.1	67	88	1	31.5	24.2	6 000	7 500	112
6013	65	100	18	1.1	72	93	1	32.0	24.8	5 600	7 000	113
6014	70	110	20	1.1	77	103	1	38.5	30.5	5 300	6 700	114
6015	75	115	20	1.1	82	108	1	40.2	33.2	5 000	6 300	115

续表

轴承代号	基本尺寸/mm				安装尺寸/mm			基本额定动载荷 C_r/kN	基本额定静载荷 C_{0r}/kN	极限转速/(r/min)		原轴承代号
	d	D	B	r_s(min)	d_a(min)	D_a(max)	r_{as}(max)			脂润滑	油润滑	
6016	80	125	22	1.1	87	118	1	47.5	39.8	4 800	6 000	116
6017	85	130	22	1.1	92	123	1	50.8	42.8	4 500	5 600	117
6018	90	140	24	1.5	99	131	1.5	58.0	49.8	4 300	5 300	118
6019	95	145	24	1.5	104	136	1.5	57.8	50.0	4 000	5 000	119
6020	100	150	24	1.5	109	141	1.5	64.5	56.2	3 800	4 800	120
(0)2 尺寸系列												
6200	10	30	9	0.6	15	25	0.6	5.10	2.38	19 000	26 000	200
6201	12	32	10	0.6	17	27	0.6	6.82	3.05	18 000	24 000	201
6202	15	35	11	0.6	20	30	0.6	7.65	3.72	17 000	22 000	202
6203	17	40	12	0.6	22	35	0.6	9.58	4.78	16 000	20 000	203
6204	20	47	14	1	26	41	1	12.8	6.65	14 000	18 000	204
6205	25	52	15	1	31	46	1	14.0	7.88	12 000	16 000	205
6206	30	62	16	1	36	56	1	19.5	11.5	9 500	13 000	206
6207	35	72	17	1.1	42	65	1	25.5	15.2	8 500	11 000	207
6208	40	80	18	1.1	47	73	1	29.5	18.0	8 000	10 000	208
6209	45	85	19	1.1	52	78	1	31.5	20.5	7 000	9 000	209
6210	50	90	20	1.1	57	83	1	35	23.2	6 700	8 500	210
6211	55	100	21	1.5	64	91	1.5	43.2	29.2	6 000	7 500	211
6212	60	110	22	1.5	69	101	1.5	47.8	32.8	5 600	7 000	212
6213	65	120	23	1.5	74	111	1.5	57.2	40.0	5 000	6 300	213
6214	70	125	24	1.5	79	116	1.5	60.8	45.0	4 800	6 000	214
6215	75	130	25	1.5	84	121	1.5	66.0	49.5	4 500	5 600	215
6216	80	140	26	2	90	130	2	71.5	54.2	4 300	5 300	216
6217	85	150	28	2	95	140	2	83.2	63.8	4 000	5 000	217
6218	90	160	30	2	100	150	2	95.8	71.5	3 800	4 800	218
6219	95	170	32	2.1	107	158	2.1	110	82.8	3 600	4 500	219
6220	100	180	34	2.1	112	168	2.1	122	92.8	3 400	4 300	220
(0)3 尺寸系列												
6300	10	35	11	0.6	15	30	0.6	7.65	3.48	18 000	24 000	300
6301	12	37	12	1	18	31	1	9.72	5.08	17 000	22 000	301
6302	15	42	13	1	21	36	1	11.5	5.42	16 000	20 000	302
6303	17	47	14	1	23	41	1	13.5	6.58	15 000	19 000	303
6304	20	52	15	1.1	27	45	1	15.8	7.88	13 000	17 000	304
6305	25	62	17	1.1	32	55	1	22.2	11.5	10 000	14 000	305

续表

轴承代号	基本尺寸/mm				安装尺寸/mm			基本额定动载荷 C_r/kN	基本额定静载荷 C_{0r}/kN	极限转速/(r/min)		原轴承代号
	d	D	B	r_s (min)	d_a (min)	D_a (max)	r_{as} (max)			脂润滑	油润滑	
6306	30	72	19	1.1	37	65	1	27.0	15.2	9 000	12 000	306
6307	35	80	21	1.5	44	71	1.5	33.2	19.2	8 000	10 000	307
6308	40	90	23	1.5	49	81	1.5	40.8	24.0	7 000	9 000	308
6309	45	100	25	1.5	54	91	1.5	52.8	31.8	6 300	8 000	309
6310	50	110	27	2	60	100	2	61.8	38.0	6 000	7 500	310
6311	55	120	29	2	65	110	2	71.5	44.8	5 300	6 700	311
6312	60	130	31	2.1	72	118	2.1	81.8	51.8	5 000	6 300	312
6313	65	140	33	2.1	77	128	2.1	93.8	60.5	4 500	5 600	313
6314	70	150	35	2.1	82	138	2.1	105	68.0	4 300	5 300	314
6315	75	160	37	2.1	87	148	2.1	112	76.8	4 000	5 000	315
6316	80	170	39	2.1	92	158	2.1	122	86.5	3 800	4 800	316
6317	85	180	41	3	99	166	2.5	132	96.5	3 600	4 500	317
6318	90	190	43	3	104	176	2.5	145	108	3 400	4 300	318
6319	95	200	45	3	109	186	2.5	155	122	3 200	4 000	319
6320	100	215	47	3	114	201	2.5	172	140	2 800	3 600	320
(0)4 尺寸系列												
6403	17	62	17	1.1	24	55	1	22.5	10.8	11 000	15 000	403
6404	20	72	19	1.1	27	65	1	31.0	15.2	9 500	13 000	404
6405	25	80	21	1.5	34	71	1.5	38.2	19.2	8 500	11 000	405
6406	30	90	23	1.5	39	81	1.5	47.5	24.5	8 000	10 000	406
6407	35	100	25	1.5	44	91	1.5	56.8	29.5	6 700	8 500	407
6408	40	110	27	2	50	100	2	65.5	37.5	6 300	8 000	408
6409	45	120	29	2	55	110	2	77.5	45.5	5 600	7 000	409
6410	50	130	31	2.1	62	118	2.1	92.2	55.2	5 300	6 700	410
6411	55	140	33	2.1	67	128	2.1	100	62.5	4 800	6 000	411
6412	60	150	35	2.1	72	138	2.1	108	70.0	4 500	5 600	412
6413	65	160	37	2.1	77	148	2.1	118	78.5	4 300	5 300	413
6414	70	180	42	3	84	166	2.5	140	99.5	3 800	4 800	414
6415	75	190	45	3	89	176	2.5	155	115	3 600	4 500	415
6416	80	200	48	3	94	186	2.5	162	125	3 400	4 300	416
6417	85	210	52	4	103	192	3	175	138	3 200	4 000	417
6418	90	225	54	4	108	207	3	192	158	2 800	3 600	418
6420	100	250	58	4	118	232	3	222	195	2 400	3 200	420

注:(1) 表中 C_r 值适用于轴承为真空脱气轴承钢材料。如为普通电炉钢,C_r 值降低;如为真空重熔或电渣重熔轴承钢,C_r 值提高。

(2) 表中 $r_{s min}$ 为 r_s 的单向最小倒角尺寸;$r_{a max}$ 为 r_a 的单向最大倒角尺寸。

表 13-3　调心球轴承（GB/T 281—2013）

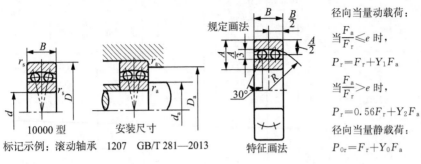

径向当量动载荷：

当 $\dfrac{F_a}{F_r} \leqslant e$ 时，

$$P_r = F_r + Y_1 F_a$$

当 $\dfrac{F_a}{F_r} > e$ 时，

$$P_r = 0.56 F_r + Y_2 F_a$$

径向当量静载荷：

$$P_{0r} = F_r + Y_0 F_a$$

10000 型　　安装尺寸　　特征画法

标记示例：滚动轴承　1207　GB/T 281—2013

轴承代号	基本尺寸/mm				安装尺寸/mm			计算尺寸				基本额定动载荷 C_r/kN	基本额定静载荷 C_{0r}/kN	极限转速/(r/min)		原轴承代号
	d	D	B	r_s (min)	d_a (min)	D_a (max)	r_a (max)	e	Y_1	Y_2	Y_0			脂润滑	油润滑	
（0）2 尺寸系列																
1204	20	47	14	1	26	41	1	0.27	2.3	3.6	2.4	9.95	2.65	14 000	17 000	1204
1205	25	52	15	1	31	46	1	0.27	2.3	3.6	2.4	12.0	3.30	12 000	14 000	1205
1206	30	62	16	1	36	56	1	0.24	2.6	4.0	2.7	15.8	4.70	10 000	12 000	1206
1207	35	72	17	1.1	42	65	1	0.23	2.7	4.2	2.9	15.8	5.08	8 500	10 000	1207
1208	40	80	18	1.1	47	73	1	0.22	2.9	4.4	3.0	19.2	6.40	7 500	9 000	1208
1209	45	85	19	1.1	52	78	1	0.21	2.9	4.6	3.1	21.8	7.32	7 100	8 500	1209
1210	50	90	20	1.1	57	83	1	0.20	3.1	4.8	3.3	22.8	8.08	6 300	8 000	1210
1211	55	100	21	1.5	64	91	1.5	0.20	3.2	5.0	3.4	26.8	10.0	6 000	7 100	1211
1212	60	110	22	1.5	69	101	1.5	0.19	3.4	5.3	3.6	30.2	11.5	5 300	6 300	1212
1213	65	120	23	1.5	74	111	1.5	0.17	3.7	5.7	3.9	31.0	12.5	4 800	6 000	1213
1214	70	125	24	1.5	79	116	1.5	0.18	3.5	5.4	3.7	34.5	13.5	4 800	5 600	1214
1215	75	130	25	1.5	84	121	1.5	0.17	3.6	5.6	3.8	38.8	15.2	4 300	5 300	1215
1216	80	140	26	2	90	130	2	0.18	3.6	5.5	3.7	39.5	16.8	4 000	5 000	1216
（0）3 尺寸系列																
1304	20	52	15	1.1	27	45	1	0.29	2.2	3.4	2.3	12.5	3.38	12 000	15 000	1304
1305	25	62	17	1.1	32	55	1	0.27	2.3	3.5	2.4	17.8	5.05	10 000	13 000	1305
1306	30	72	19	1.1	37	65	1	0.26	2.4	3.8	2.6	21.5	6.28	8 500	11 000	1306
1307	35	80	21	1.5	44	71	1.5	0.25	2.6	4.0	2.7	25.0	7.95	7 500	9 500	1307
1308	40	90	23	1.5	49	81	1.5	0.24	2.6	4.0	2.7	29.5	9.50	6 700	8 500	1308
1309	45	100	25	1.5	54	91	1.5	0.25	2.5	3.9	2.6	38.0	12.8	6 000	7 500	1309
1310	50	110	27	2	60	100	2	0.24	2.7	4.1	2.8	43.2	14.2	5 600	6 700	1310
1311	55	120	29	2	65	110	2	0.23	2.7	4.2	2.8	51.5	18.2	5 000	6 300	1311
1312	60	130	31	2.1	72	118	2.1	0.23	2.8	4.3	2.9	57.2	20.8	4 500	5 600	1312
1313	65	140	33	2.1	77	128	2.1	0.23	2.8	4.3	2.9	61.8	22.8	4 300	5 300	1313
1314	70	150	35	2.1	82	138	2.1	0.22	2.8	4.4	2.9	74.5	27.5	4 000	5 000	1314
1315	75	160	37	2.1	87	148	2.1	0.22	2.8	4.4	3.0	79.0	29.8	3 800	4 500	1315
1316	80	170	39	2.1	92	158	2.1	0.22	2.9	4.5	3.1	88.5	32.8	3 600	4 300	1316

续表

轴承代号	基本尺寸/mm				安装尺寸/mm			计算尺寸				基本额定动载荷 C_r/kN	基本额定静载荷 C_{0r}/kN	极限转速/(r/min)		原轴承代号
	d	D	B	r_s (min)	d_a (min)	D_a (max)	r_a (max)	e	Y_1	Y_2	Y_0			脂润滑	油润滑	
22 尺寸系列																
2204	20	47	18	1	26	41	1	0.48	1.3	2.0	1.4	12.5	3.28	14 000	17 000	1504
2205	25	52	18	1	31	46	1	0.41	1.5	2.3	1.5	12.5	3.40	12 000	14 000	1505
2206	30	62	20	1	36	56	1	0.39	1.6	2.4	1.7	15.2	4.60	10 000	12 000	1506
2207	35	72	23	1.1	42	65	1	0.38	1.7	2.6	1.8	21.8	6.65	8 500	10 000	1507
2208	40	80	23	1.1	47	73	1	0.24	1.9	2.9	2.0	22.5	7.38	7 500	9 000	1508
2209	45	85	23	1.1	52	78	1	0.31	2.1	3.2	2.0	23.2	8.00	7 100	8 500	1509
2210	50	90	23	1.1	57	83	1	0.29	2.2	3.4	2.3	23.2	8.45	6 300	8 000	1510
2211	55	100	25	1.5	64	91	1.5	0.28	2.3	3.5	2.4	26.8	9.95	6 000	7 100	1511
2212	60	110	28	1.5	69	101	1.5	0.28	2.3	3.5	2.4	34.0	12.5	5 300	6 300	1512
2213	65	120	31	1.5	74	111	1.5	0.28	2.3	3.5	2.4	43.5	16.2	4 800	6 000	1513
2214	70	125	31	1.5	79	116	1.5	0.27	2.4	3.7	2.5	44.0	17.0	4 500	5 600	1514

注：同表 13-2 中注(1)、(2)。

表 13-4 圆柱滚子轴承(GB/T 283—2007)

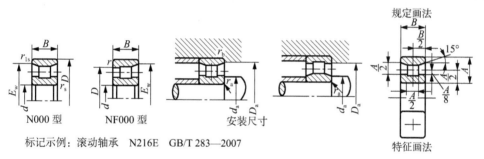

N000 型   NF000 型   安装尺寸   规定画法   特征画法

标记示例：滚动轴承 N216E GB/T 283—2007

径向当量动载荷		径向当量静载荷
$P_r = F_r$	对轴向承载的轴承(NF 型 02,03 系列) 当 $0 \leqslant F_a/F_r \leqslant 0.12$ 时，$P_r = F_r + 0.3F_a$ 当 $0.12 \leqslant F_a/F_r \leqslant 0.3$ 时，$P_r = 0.94F_r + 0.9F_a$	$P_{0r} = F_r$

轴承代号		基本尺寸/mm						安装尺寸/mm				基本额定动载荷 C_r/kN		基本额定静载荷 C_r/kN		极限转速/(r/min)		原轴承代号	
		d	D	B	r_s min	r_{1s} N 型 NF 型	E_w		d_a min	D_a max	r_a	r_b	N 型	NF 型	N 型	NF 型	脂润滑	油润滑		
(0)2 尺寸系列																				
N204E	NF204	20	47	14	1	0.6	41.5	40	25	42	1	0.6	25.8	12.5	24	11.0	12 000	16 000	2204E	12204
N205E	NF205	25	52	15	1	0.6	16.5	45	30	47	1	0.6	27.5	14.2	26.8	12.8	10 000	14 000	2205E	12205
N206E	NF206	30	62	16	1	0.6	55.5	53.5	36	56	1	0.6	36.0	19.5	35.5	18.2	8 500	11 000	2206E	12206
N207E	NF207	35	72	17	1.1	0.6	64	61.8	42	64	1	0.6	46.5	28.5	48.0	28.0	7 500	9 500	2207E	12207
N208E	NF208	40	80	18	1.1	1.1	71.5	70	47	72	1	1	51.5	37.5	53.0	38.2	7 000	9 000	2208E	12208
N209E	NF209	45	85	19	1.1	1.1	76.5	75	52	77	1	1	58.5	39.8	63.8	41.0	6 300	8 000	2209E	12209

续表

轴承代号		基本尺寸/mm							安装尺寸/mm				基本额定动载荷 C_r/kN		基本额定静载荷 C_r/kN		极限转速 /(r/min)		原轴承代号	
		d	D	B	r_s	r_{1s}	E_w		d_a	D_a	r_a	r_b	N 型	NF 型	N 型	NF 型	脂润滑	油润滑		
					min		N 型	NF 型	min		max									
N210E	NF210	50	90	20	1.1	1.1	81.5	80.4	57	83	1	1	61.2	43.2	69.2	48.5	6 000	7 500	2210E	12210
N211E	NF211	55	100	21	1.5	1.1	90	88.5	64	91	1.5	1	80.2	52.8	95.5	60.2	5 300	6 700	2211E	12211
N212E	NF212	60	110	22	1.5	1.5	100	97.5	69	100	1.5	1.5	89.8	62.8	102	73.5	5 000	6 300	2212E	12212
N213E	NF213	65	120	23	1.5	1.5	108.5	105.5	74	108	1.5	1.5	102	73.2	118	87.5	4 500	5 600	2213E	12213
N214E	NF214	70	125	24	1.5	1.5	113.5	110.5	79	114	1.5	1.5	112	73.2	135	87.5	4 300	5 300	2214E	12214
N215E	NF215	75	130	25	1.5	1.5	118.5	116.5	84	120	1.5	1.5	125	89.0	155	110	4 000	5 000	2215E	12215
N216E	NF216	80	140	26	2	2	127.3	125.3	90	128	2	2	132	102	165	125	3 800	4 800	2216E	12216
(0)3 尺寸系列																				
N304E	NF304	20	52	15	1.1	0.6	45.5	44.5	26.5	47	1	0.6	29.0	18.0	25.5	15.0	11 000	15 000	2304E	12304
N305E	NF305	25	62	17	1.1	1.1	54	53	31.5	55	1	1	38.5	25.2	35.8	22.5	9 000	12 000	2305E	12305
N306E	NF306	30	72	19	1.1	1.1	62.5	62	37	64	1	1	49.2	33.5	48.2	31.5	8 000	10 000	2306E	12306
N307E	NF307	35	80	21	1.5	1.1	70.2	68.2	44	71	1.5	1	62.0	41.0	63.2	39.2	7 000	9 000	2307E	12307
N308E	NF308	40	90	23	1.5	1.5	80	77.5	49	80	1.5	1.5	76.8	48.8	77.8	47.5	6 300	8 000	2308E	12308
N309E	NF309	45	100	25	1.5	1.5	88.5	86.5	54	89	1.5	1.5	93.0	66.8	98.0	66.8	5 600	7 000	2309E	12309
N310E	NF310	50	110	27	2	2	97	95	60	98	2	2	105	76.0	112	79.5	5 300	6 700	2310E	12310
N311E	NF311	55	120	29	2	2	106.5	104.5	65	107	2	2	128	97.8	138	105	4 800	6 000	2311E	12311
N312E	NF312	60	130	31	2.1	2.1	115	113	72	116	2.1	2.1	142	118	155	128	4 500	5 600	2312E	12312
N313E	NF313	65	140	33	2.1		124.5	121.5	77	125	2.1		170	125	188	135	4 000	5 000	2313E	12313
N314E	NF314	70	150	35	2.1		133	130	82	134	2.1		195	145	220	162	3 800	4 800	2314E	12314
N315E	NF315	75	160	37	2.1		143	139.5	87	143	2.1		228	165	260	188	3 600	4 500	2315E	12315
N316E	NF316	80	170	39	2.1		151	147	92	151	2.1		245	175	282	200	3 400	4 300	2316E	12316

注：(1) 同表 13-2 中注(1)。(2)后缀带 E 为加强型圆柱滚子轴承,应优先选用。(3) r_{smin}为r_s的单向最小倒角尺寸,r_{1smin}为r_{1s}的单向最小倒角尺寸。

表 13-5　角接触球轴承(GB/T 292—2007)

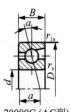

70000C (AC型)
标记示例：滚动轴承　7210C　GB/T 292—2007

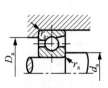

安装尺寸

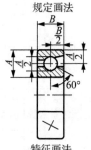

规定画法

特征画法

续表

iF_a/C_{0r}	e	Y	70000C 型	70000AC 型
0.015	0.38	1.47	径向当量动载荷：	径向当量动载荷：
0.029	0.40	1.40	当 $F_a/F_r \leqslant e$ 时，$P_r = F_r$	当 $F_a/F_r \leqslant 0.68$ 时，$P_r = F_r$
0.058	0.43	1.30	当 $F_a/F_r > e$ 时，$P_r = 0.44F_r + YF_a$	当 $F_a/F_r > 0.68$ 时，$P_r = 0.41F_r + 0.87F_a$
0.087	0.46	1.23		
0.12	0.47	1.19	径向当量静载荷：	径向当量静载荷：
0.17	0.50	1.12	$P_{0r} = 0.5F_r + 0.46F_a$	$P_{0r} = 0.5F_r + 0.38F_a$
0.29	0.55	1.02	$P_{0r} = F_r$	$P_{0r} = F_r$
0.44	0.56	1.00	取上列两式计算结果的大值	取上列两式计算结果的大值
0.58	0.56	1.00		

轴承代号		基本尺寸/mm					安装尺寸/mm			70000C($\alpha=15°$)			70000AC($\alpha=25°$)			极限转速/(r/min)		原轴承代号
		d	D	B	r_s min	r_{1s} min	d_a min	D_a max	r_a	a/mm	基本额定动载荷 C_r/kN	基本额定静载荷 C_{0r}/kN	a/mm	基本额定动载荷 C_r/kN	基本额定静载荷 C_{0r}/kN	脂润滑	油润滑	
(1)0 尺寸系列																		
7000C	7000AC	10	26	8	0.3	0.1	12.4	23.6	0.3	6.4	4.92	2.25	8.2	4.75	2.12	19 000	28 000	36100	46100
7001C	7001AC	12	28	8	0.3	0.1	14.4	25.6	0.3	6.7	5.42	2.65	8.7	5.20	2.55	18 000	26 000	36101	46101
7002C	7002AC	15	32	9	0.3	0.1	17.4	29.6	0.3	7.6	6.25	3.42	10	5.95	3.25	17 000	24 000	36102	46102
7003C	7003AC	17	35	10	0.3	0.1	19.4	32.6	0.3	8.5	6.60	3.85	11.1	6.30	3.68	16 000	22 000	36103	46103
7004C	7004AC	20	42	12	0.6	0.3	25	37	0.6	10.2	10.5	6.08	13.2	10.0	5.78	14 000	19 000	36104	46104
7005C	7005AC	25	47	12	0.6	0.3	30	42	0.6	11.5	11.5	7.45	14.4	11.2	7.08	12 000	17 000	36105	46105
7006C	7006AC	30	55	13	1	0.3	36	49	1	12.2	15.2	10.2	16.4	14.5	9.85	9 500	14 000	36106	46106
7007C	7007AC	35	62	14	1	0.3	41	56	1	13.5	19.5	14.2	18.3	18.5	13.5	8 500	12 000	36107	46107
7008C	7008AC	40	68	15	1	0.3	46	62	1	14.7	20.0	15.2	20.1	19.0	14.5	8 000	11 000	36108	46108
7009C	7009AC	45	75	16	1	0.3	51	69	1	16	25.8	20.5	21.9	25.8	19.5	7 500	10 000	36109	46109
7010C	7010AC	50	80	16	1	0.3	56	74	1	16.7	26.5	22.0	23.2	25.2	21.0	6 700	9 000	36110	46110
7011C	7011AC	55	90	18	1.1	0.6	62	83	1	18.7	37.2	30.5	25.9	35.2	29.2	6 000	8 000	36111	46111
7012C	7012AC	60	95	18	1.1	0.6	67	88	1	19.4	38.2	32.8	27.1	36.2	31.5	5 600	7 500	36112	46112
7013C	7013AC	65	100	18	1.1	0.6	72	93	1	20.1	40.4	35.5	28.2	38.0	33.8	5 300	7 000	36113	46113
7014C	7014AC	70	110	20	1.1	0.6	77	103	1	22.1	48.2	43.5	30.9	45.8	41.5	5 000	6 700	36114	46114
7015C	7015AC	75	115	20	1.1	0.6	82	108	1	22.7	49.5	46.5	32.2	46.8	44.2	4 800	6 300	36115	46115
7016C	7016AC	80	125	22	1.1	0.6	89	116	1.5	24.7	58.5	55.8	34.9	55.5	53.2	4 500	6 000	36116	46116
7017C	7017AC	85	130	22	1.1	0.6	94	121	1.5	25.4	62.5	60.2	36.1	59.2	57.2	4 300	5 600	36117	46117
7018C	7018AC	90	140	24	1.5	0.6	99	131	1.5	27.4	71.5	69.8	38.8	67.5	66.5	4 000	5 300	36118	46118
7019C	7019AC	95	145	24	1.5	0.6	104	136	1.5	28.1	73.5	73.2	10	69.5	69.8	3 800	5 000	36119	46119
7020C	7020AC	100	150	24	1.5	0.6	109	141	1.5	28.7	79.2	78.5	41.2	75	74.8	3 800	5 000	36120	46120
(0)2 尺寸系列																		
7200C	7200AC	10	30	9	0.6	0.3	15	25	0.6	7.2	5.82	2.95	9.2	5.58	2.82	18 000	26 000	36200	46200
7201C	7201AC	12	32	10	0.6	0.3	17	27	0.6	8	7.35	3.52	10.2	7.10	3.35	17 000	24 000	36201	46201
7202C	7202AC	15	35	11	0.6	0.3	20	30	0.6	8.9	8.68	4.62	11.4	8.35	4.40	16 000	22 000	36202	46202
7203C	7203AC	17	40	12	0.6	0.3	22	35	0.6	9.9	10.8	5.95	12.8	10.5	5.65	15 000	20 000	36203	46203
7204C	7204AC	20	47	14	1	0.3	26	41	1	11.5	14.5	8.22	14.9	14.0	7.82	13 000	18 000	36204	46204

轴承代号		基本尺寸/mm			安装尺寸/mm				70000C($\alpha=15°$)			70000AC($\alpha=25°$)			极限转速 /(r/min)		原轴承 代号	
		d	D	B	r_s	r_{1s}	d_a	D_a	r_a	a /mm	基本额定		a /mm	基本额定		脂润滑	油润滑		
					min		min	max			动载荷 C_r/kN	静载荷 C_{0r}/kN		动载荷 C_r/kN	静载荷 C_{0r}/kN				
7205C	7205AC	25	52	15	1	0.3	31	46	1	12.7	16.5	10.5	16.4	15.8	9.88	11 000	16 000	36205	46205
7206C	7206AC	30	32	16	1	0.3	36	56	1	14.2	23.0	15.0	18.7	22.0	14.2	9 000	13 000	36206	46206
7207C	7207AC	35	72	17	1.1	0.3	42	65	1	15.7	30.5	20.0	21	29.0	19.2	8 000	11 000	36207	46207
7208C	7208AC	40	80	18	1.1	0.6	47	73	1	17	36.8	25.8	23	35.2	24.5	7 500	10 000	36208	46208
7209C	7209AC	45	85	19	1.1	0.6	52	78	1	18.2	38.5	28.5	24.7	36.8	27.2	6 700	9 000	36209	46209
7210C	7210AC	50	90	20	1.1	0.6	57	83	1	19.4	42.8	32.0	26.3	40.8	30.5	6 300	8 500	36210	46210
7211C	7211AC	55	100	21	1.5	0.6	64	91	1.5	20.9	52.8	40.5	28.6	50.5	38.5	5 600	7 500	36211	46211
7212C	7212AC	60	110	22	1.5	0.6	69	101	1.5	22.4	61.0	48.5	30.8	58.2	46.2	5 300	7 000	36212	46212
7213C	7213AC	65	120	23	1.5	0.6	74	111	1.5	24.2	69.8	55.2	33.5	66.5	52.5	4 800	6 300	36213	46213
7214C	7214AC	70	125	24	1.5	0.6	79	116	1.5	25.3	70.2	60.0	35.1	69.2	57.5	4 500	6 000	36214	46214
7215C	7215AC	75	130	25	1.5	0.6	84	121	1.5	26.4	79.2	65.8	36.6	75.2	63.0	4 300	5 600	36215	46215
7216C	7216AC	80	140	26	2	1	90	130	2	27.7	89.5	78.2	38.9	85.0	74.5	4 000	5 300	36216	46216
7217C	7217AC	85	150	28	2	1	95	140	2	29.9	99.8	85.0	41.6	94.8	81.5	3 800	5 000	36217	46217
7218C	7218AC	90	160	30	2	1	100	150	2	31.7	122	105	44.2	118	100	3 600	4 800	36218	46218
7219C	7219AC	95	170	32	2.1	1.1	107	158	2.1	33.8	135	115	46.9	128	108	3 400	4 500	36219	46219
7220C	7220AC	100	180	34	2.1	1.1	112	168	2.1	35.8	148	128	49.7	142	122	3 200	4 300	36220	46220
(0)3尺寸系列																		
7301C	7301AC	12	37	12	1	0.3	18	31	1	8.6	8.10	5.22	12	8.08	4.88	16 000	22 000	36301	46301
7302C	7302AC	15	42	13	1	0.3	21	36	1	9.6	9.38	5.95	13.5	9.08	5.88	15 000	20 000	36302	46302
7303C	7303AC	17	47	14	1	0.3	23	41	1	10.4	12.8	8.62	14.8	11.5	7.08	14 000	19 000	36303	46303
7304C	7304AC	20	52	15	1.1	0.6	27	45	1	11.3	14.2	9.68	16.3	13.8	9.10	12 000	17 000	36304	46304
7305C	7305AC	25	62	17	1.1	0.6	32	55	1	13.1	21.5	15.8	19.1	20.8	14.8	9 500	14 000	36305	46305
7306C	7306AC	30	72	19	1.1	0.6	37	65	1	15	26.5	19.8	22.2	25.2	18.5	8 500	12 000	36306	46306
7307C	7307AC	35	80	21	1.5	0.6	44	71	1.5	16.6	34.2	26.8	24.5	32.8	24.8	7 500	10 000	36307	46307
7308C	7308AC	40	90	23	1.5	0.6	49	81	1.5	18.5	40.2	32.3	27.5	38.5	30.5	6 700	9 000	36308	46308
7309C	7309AC	45	100	25	1.5	0.6	54	91	1.5	20.2	49.2	39.8	30.2	47.5	37.2	6 000	8 000	36309	46309
7310C	7310AC	50	110	27	2	1	60	100	2	22	53.5	47.2	33	55.5	44.5	5 600	7 500	36310	46310
7311C	7311AC	55	120	29	2	1	65	110	2	23.8	70.5	60.5	35.8	67.2	56.8	5 000	6 700	36311	46311
7312C	7312AC	60	130	31	2.1	1.1	72	118	2.1	25.6	80.5	70.2	38.7	77.8	65.8	4 800	6 300	36312	46312
7313C	7313AC	65	140	33	2.1	1.1	77	128	2.1	27.4	91.5	80.5	41.5	89.8	75.5	4 300	5 600	36313	46313
7314C	7314AC	70	150	35	2.1	1.1	82	138	2.1	29.2	102	91.5	44.3	98.5	86.0	4 000	5 300	36314	46314
7315C	7315AC	75	160	37	2.1	1.1	87	148	2.1	31	112	105	47.2	108	97.0	3 800	5 000	36315	46315
7316C	7316AC	80	170	39	2.1	1.1	92	158	2.1	32.8	122	118	50	118	108	3 600	4 800	36316	46316
7317C	7317AC	85	180	41	3	1.1	99	166	2.5	34.6	132	128	52.8	125	122	3 400	4 500	36317	46317
7318C	7318AC	90	190	43	3	1.1	104	176	2.5	36.4	142	142	55.6	135	135	3 200	4 300	36318	46318
7319C	7319AC	95	200	45	3	1.1	109	186	2.5	38.2	152	158	58.5	145	148	3 000	4 000	36319	46319
7320C	7320AC	100	215	47	3	1.1	114	201	2.5	40.2	162	175	61.9	165	178	2 600	3 600	36320	46320

续表

轴承代号	基本尺寸/mm					安装尺寸/mm			$70000C(\alpha=15°)$			$70000AC(\alpha=25°)$			极限转速/(r/min)		原轴承代号
	d	D	B	r_s	r_{1s}	d_a	D_a	r_a	a /mm	基本额定		a /mm	基本额定				
				min		min	max			动载荷 C_r/kN	静载荷 C_{0r}/kN		动载荷 C_r/kN	静载荷 C_{0r}/kN	脂润滑	油润滑	

(0)4 尺寸系列 (GB/T 292—1994 摘录)																	
7406AC	30	90	23	1.5	0.6	39	81	1				26.1	42.5	32.2	7 500	10 000	46406
7407AC	35	100	25	1.5	0.6	44	91	1.5				29	53.8	42.5	6 300	8 500	46407
7408AC	40	110	27	2	1	50	100	2				31.8	62.0	49.5	6 000	8 000	46408
7409AC	45	120	29	2	1	55	110	2				34.6	66.8	52.8	5 300	7 000	46409
7410AC	50	130	31	2.1	1.1	62	118	2.1				37.4	76.5	64.2	5 000	6 700	46410
7412AC	60	150	35	2.1	1.1	72	138	2.1				43.1	102	90.8	4 300	5 600	46412
7414AC	70	180	42	3	1.1	84	166	2.5				51.5	125	125	3 600	4 800	46414
7416AC	80	200	48	3	1.1	94	186	2.5				58.1	152	162	3 200	4 300	46416

注:(1) 表中注 C_r 值,对(1)0,(0)2 系列为真空脱气轴承钢的载荷能力;对(0)3,(0)4 系列为电炉轴承钢的载荷能力。

(2) r_{smin} 为 r_s 的单向最小倒角尺寸,r_{1smin} 为 r_{1s} 的单向最小倒角尺寸。

表 13-6 圆锥滚子轴承 (GB/T 297—2015)

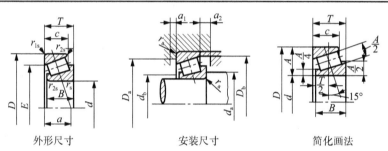

外形尺寸   安装尺寸   简化画法

标记示例:滚动轴承 30308 GB/T 297—2015

径向当量动载荷	当 $F_a/F_r \leqslant e$ 时,$P_r=F_r$;当 $F_a/F_r>e$ 时,$P_r=0.4F_r+YF_a$
径向当量静载荷	取下列两式计算结果的大值:$P_{0r}=0.5F_r+Y_0F_a$;$P_{0r}=F_r$

轴承代号	基本尺寸/mm						安装尺寸/mm							基本额定载荷		计算系数		
	d	D	T	B	c	$a\approx$	d_a (min)	d_b (max)	D_a (max)	D_b (min)	a_1 (min)	a_2 (min)	r_a (max)	动载荷 C_r/kN	静载荷 C_{0r}/kN	e	Y	Y_0

02 系列																	
30204	20	47	15.25	14	12	11.2	26	27	41	43	2	3.5	1	28.2	30.5	0.35	1.7	1
30205	25	52	16.25	15	13	12.6	31	31	46	48	2	3.5	1	32.2	37	0.37	1.6	0.9
30206	30	62	17.25	16	14	13.8	36	37	56	58	2	3.5	1	43.2	50.5	0.37	1.6	0.9
30207	35	72	18.25	17	15	15.3	42	44	65	67	3	3.5	1.5	54.2	63.5	0.37	1.6	0.9
30208	40	80	19.75	18	16	16.9	47	49	73	75	3	4	1.5	63.0	74.0	0.37	1.6	0.9
30209	45	85	20.75	19	16	18.6	52	53	78	80	3	5	1.5	67.8	83.5	0.4	1.5	0.8
30210	50	90	21.75	20	17	20	57	58	83	86	3	5	1.5	73.2	92.0	0.42	1.4	0.8
30211	55	100	22.75	21	18	21	64	64	91	95	4	5	2	90.8	115	0.4	1.5	0.8
30212	60	110	23.75	22	19	22.4	69	69	101	103	4	5	2	102	130	0.4	1.5	0.8
30213	65	120	24.75	23	20	24	74	77	111	114	4	5	2	120	152	0.4	1.5	0.8

轴承代号	基本尺寸/mm					安装尺寸/mm								基本额定载荷		计算系数		
	d	D	T	B	c	$a\approx$	d_a (min)	d_b (max)	D_a (max)	D_b (min)	a_1 (min)	a_2 (min)	r_a (max)	动载荷 C_r/kN	静载荷 C_{0r}/kN	e	Y	Y_0
30214	70	125	26.25	24	21	25.9	79	81	116	119	4	5.5	2	132	175	0.42	1.4	0.8
30215	75	130	27.25	25	22	27.4	84	85	121	125	4	5.5	2	138	185	0.44	1.4	0.8
30216	80	140	28.25	26	22	28	90	90	130	133	4	6	2.1	160	212	0.42	1.4	0.8
30217	85	150	30.5	28	24	29.9	95	96	140	142	5	6.5	2.1	178	238	0.42	1.4	0.8
30218	90	160	32.5	30	26	32.4	100	102	150	151	5	6.5	2.1	200	270	0.42	1.4	0.8
30219	95	170	34.5	32	27	35.1	107	108	158	160	5	7.5	2.5	228	308	0.42	1.4	0.8
30220	100	180	37	34	29	36.5	112	114	168	169	5	8	2.5	255	350	0.42	1.4	0.8
03 系列																		
30304	20	52	16.25	15	13	11	27	28	45	48	3	3.5	1.5	33.0	33.2	0.3	2	1.1
30305	25	62	18.25	17	15	13	32	34	55	58	3	3.5	1.5	46.8	48.0	0.3	2	1.1
30306	30	72	20.75	19	16	15	37	40	65	66	3	5	1.5	59.0	63.0	0.31	1.9	1.1
30307	35	80	22.75	21	18	17	44	15	71	74	3	5	2	75.2	82.5	0.31	1.9	1.1
30308	40	90	25.25	23	20	19.5	49	52	81	84	3	5.5	2	90.	108	0.35	1.7	1
30309	45	100	27.75	25	22	21.5	54	59	91	94	3	5.5	2	108	130	0.35	1.7	1
30310	50	110	29.25	27	23	23	60	65	100	103	4	6.5	2	130	158	0.35	1.7	1
30311	55	120	31.5	29	25	25	65	70	110	112	4	6.5	2.5	152	188	0.35	1.7	1
30312	60	130	33.5	31	26	26.5	72	76	118	121	5	7.5	2.5	170	210	0.35	1.7	1
30313	65	140	36	33	28	29	77	83	128	131	5	8	2.5	195	242	0.35	1.7	1
30314	70	150	38	35	30	30.6	82	89	138	141	5	8	2.5	218	272	0.35	1.7	1
30315	75	160	40	37	31	32	87	95	148	150	5	9	2.5	252	318	0.35	1.7	1
30316	80	170	42.5	39	33	34	92	102	158	160	5	9.5	2.5	178	352	0.35	1.7	1
30317	85	180	44.5	41	34	36	99	107	166	168	6	10.5	3	305	388	0.35	1.7	1
30318	90	190	46.5	43	36	37.5	104	113	176	178	6	10.5	3	342	440	0.35	1.7	1
30319	95	200	49.5	45	38	40	109	118	186	185	6	11.5	3	370	478	0.35	1.7	1
30320	100	215	51.5	47	39	42	114	127	201	199	6	12.5	3	405	525	0.35	1.7	1
22 系列																		
32206	30	62	21.25	20	17	15.4	36	36	56	58	3	4.5	1	51.8	63.8	0.37	1.6	0.9
32207	35	72	24.25	23	19	17.6	42	42	65	68	3	5.5	1.5	70.5	89.5	0.37	1.6	0.9
32208	40	80	24.75	23	19	19	47	48	73	75	3	6	1.5	77.8	97.2	037	1.6	0.9
32209	45	85	24.75	23	19	20	52	53	78	81	3	6	1.5	80.8	105	0.4	1.5	0.8
32210	50	90	24.75	23	19	21	57	57	83	86	3	6	1.5	82.8	108	0.42	1.4	0.8
32211	55	100	26.75	25	21	22.5	64	62	91	96	4	6	2	108	142	0.4	1.5	0.8
32212	60	110	29.75	28	24	24.9	69	68	101	105	4	6	2	132	180	0.4	1.5	0.8
32213	65	120	32.75	31	27	27.2	74	75	111	115	4	6	2	160	222	0.4	1.5	0.8
32214	70	125	33.25	31	27	28.6	79	79	116	120	4	6.5	2	168	238	0.42	1.4	0.8
32215	75	130	33.25	31	27	30.2	84	84	121	126	4	6.5	2	170	242	0.44	1.4	0.8
32216	80	140	35.25	33	28	31.3	90	89	130	135	5	7.5	2.1	198	278	0.42	1.4	0.8
32217	85	150	38.5	36	30	34	95	95	140	143	5	8.5	2.1	228	325	0.42	1.4	0.8
32218	90	160	42.5	40	34	36.7	100	101	150	153	5	8.5	2.1	270	395	0.42	1.4	0.8
32219	95	170	45.5	43	37	39	107	106	158	163	5	8.5	2.5	302	448	0.42	1.4	0.8
32220	100	180	49	46	39	41.8	112	113	168	172	5	10	2.5	340	512	0.42	1.4	0.8

续表

轴承代号	基本尺寸/mm					安装尺寸/mm								基本额定载荷		计算系数		
	d	D	T	B	c	$a \approx$	d_a (min)	d_b (max)	D_a (max)	D_b (min)	a_1 (min)	a_2 (min)	r_a (max)	动载荷 C_r/kN	静载荷 C_{0r}/kN	e	Y	Y_0
23 系列																		
32304	20	52	22.25	21	18	13.4	27	26	45	48	3	4.5	1.5	42.8	46.2	0.3	2	1.1
32305	25	62	25.25	24	20	14.0	32	32	55	58	3	5.5	1.5	61.5	68.8	0.3	2	1.1
32306	30	72	28.75	27	23	18.8	37	38	65	66	4	6	1.5	81.5	96.5	0.31	1.9	1
32307	35	80	32.75	31	25	20.5	44	43	71	74	4	8.5	2	99.0	118	0.31	1.9	1
32308	40	90	35.25	33	27	23.4	49	49	81	83	4	8.5	2	115	148	0.35	1.7	1
32309	45	100	38.25	36	30	25.6	54	56	91	93	4	8.5	2	145	188	0.35	1.7	1
32310	50	110	42.25	40	33	28	60	61	100	102	5	9.5	2	178	235	0.35	1.7	1
32311	55	120	45.5	43	35	30.6	65	66	110	111	5	10.5	2.5	202	270	0.35	1.7	1
32312	60	130	48.5	46	37	32	72	72	118	122	6	11.5	2.5	228	302	0.35	1.7	1
32313	65	140	51	48	39	34	77	79	128	131	6	12	2.5	260	350	0.35	1.7	1
32314	70	150	54	51	42	36.5	82	84	138	141	6	12	2.5	298	408	0.35	1.7	1
32315	75	160	58	55	45	39	87	91	148	150	7	13	2.5	348	482	0.35	1.7	1
32316	80	170	61.5	58	48	42	92	97	158	160	7	13.5	2.5	388	542	0.35	1.7	1
32317	85	180	63.5	60	49	43.6	99	102	166	168	8	14.5	3	422	592	0.35	1.7	1
32318	90	190	67.5	64	53	46	104	107	176	178	8	14.5	3	478	682	0.35	1.7	1
32319	95	200	71.5	67	55	49	109	114	186	187	8	16.5	3	515	738	0.35	1.7	1
32320	100	215	77.5	73	60	53	114	122	201	201	8	17.5	3	600	872	0.35	1.7	1

表 13-7　向心滚动轴承与轴的配合(GB/T 275—2015)

运转状态		载荷状态	深沟球轴承、调心球轴承和角接触球轴承	圆柱滚子轴承和圆锥滚子轴承	调心滚子轴承	公差带
说明	举例		轴承公称直径/mm			
旋转的内圈载荷及摆动载荷	一般通用机械、电动机、机床主轴、泵、内燃机、直齿轮传动装置、铁路机车车辆轴箱、破碎机等	轻负荷 $P \leqslant 0.07C_r$	≤18	—	—	h5
			>18～100	≤40	≤40	j6[①]
			>100～200	>40～140	>40～140	k6[①]
		正常负荷 $0.07C_r < P < 0.15C_r$	≤18	—	—	j5, js5
			>18～100	≤40	≤40	k5[②]
			>100～140	>40～100	>40～65	m5[②]
			>140～200	>100～140	>65～100	m6
		重负荷 $P \geqslant 0.15C_r$	—	>50～140	>50～100	n6
			—	>140～200	>100～140	p6[③]
固定的内圈载荷	静止轴上的各种轮子、张紧轮、绳轮、振动筛、惯性振动器	所有载荷	所有尺寸			f6
						g6[①]
						h6
						j6
仅轴向载荷			所有尺寸			j6, js6

注:① 凡对精度有较高要求的场合,应用 j5、k5、…代替 j6、k6、…。

② 圆锥滚子轴承、角接触球轴承配合对游隙影响不大,可用 k6 和 m6 代替 k5 和 m5。

③ 重载荷下轴承游隙应选大于 0 组。

表 13-8　向心滚动轴承与外壳的配合(GB/T 275—2015)

运转状态		载荷状态	其他状况	公差带①	
说明	举例			球轴承	滚子轴承
固定的外圈载荷	一般机械、铁路机车车辆轴箱	轻、正常、重	轴向易移动,可采用剖分式外壳	H7,G7②	
		冲击	轴向能移动,可采用整体或剖分式外壳	J7,JS7	
摆动载荷	电动机、泵、曲轴主轴承	轻、正常		J7,JS7	
		正常、重		K7	
		冲击		M7	
旋转的外圈载荷	张紧滑轮、轴毂轴承	轻	轴向不能移动,采用整体式外壳	J7	K7
		正常		K7,M7	M7,N7
		重		—	N7,P7

注:① 并列公差带随尺寸的增大从左至右选择,对旋转精度有较高要求时,可相应提高一个公差等级。
　　② 不适用于剖分式外壳。

表 13-9　轴和外壳孔的形位公差(GB/T 275—2015)

基本尺寸/mm		圆柱度 t				端面圆跳动 t_1			
		轴颈		外壳孔		轴肩		外壳孔肩	
		轴承公差等级							
		P0	P6 (P6x)	P0	P6 (P6x)	P0	P6 (P6x)	P0	P6 (P6x)
大于	至	公差值/μm							
10	1	3.0	2.0	5	3.0	8	5	12	8
18	30	4.0	2.5	6	4.0	10	6	15	10
30	50	4.0	2.5	7	4.0	12	8	20	12
50	80	5.0	3.0	8	5.0	15	10	25	15
80	120	6.0	4.0	10	6.0	15	10	25	15

注:轴承公差带等级新、旧标准代号对照为:P0-G级、P6-E级、P6x-Ex级。

表 13-10　配合表面的粗糙度(GB/T 275—2015)

轴或轴承座直径/mm		轴或外壳配合表面直径公差等级								
		IT7			IT6			IT5		
		表面粗糙度/μm								
超过	到	Rz	Ra		Rz	Ra		Rz	Ra	
			磨	车		磨	车		磨	车
	80	10	1.6	3.2	6.3	0.8	1.6	4	0.4	0.8
80	500	16	1.6	3.2	10	1.6	3.2	6.3	0.8	1.6
端面		25	3.2	6.3	25	3.2	6.3	10	1.6	3.2

注:与P0、P6(P6x)级公差轴承配合的轴,其公差等级一般为IT6,外壳孔一般为IT7。

第14章 润滑与密封

14.1 常用润滑剂及选择方法

表 14-1 常用润滑油的性质和用途

名称	代号	运动黏度/(mm² · s⁻¹) 40℃	运动黏度/(mm² · s⁻¹) 100℃	倾点 /(℃≤)	闪点(开口) /(℃≥)	主要用途
全损耗系统用油 (GB/T 443—1989)	L-AN10	9.00～11.0			130	用于高速轻载机械轴承的润滑和冷却
	L-AN15	13.5～16.5			150	用于小型机床齿轮箱、传动装置轴承、中小型电机、风动工具等
	L-AN22	19.8～24.2				
	L-AN32	28.8～35.2				用于一般机床齿轮变速、中小型机床导轨及 100kW 以上电机轴承
	L-AN46	41.4～50.6	—	−5	160	主要用于大型机床、大型刨床上
	L-AN68	61.2～74.8				
	L-AN100	90.0～110			180	主要用在低速重载的纺织机械及重型机床、锻压、铸工设备上
	L-AN150	135～165				
工业闭式齿轮油 (GB/T 5903—2011)	L-CKC68	61.2～74.8			180	适用于煤炭、水泥、冶金工业部门大型封闭式齿轮传动装置的润滑
	L-CKC100	90.0～110				
	L-CKC150	135～165		−8		
	L-CKC220	198～242			200	
	L-CKC320	288～352				
	L-CKC460	414～506				
	L-CKC680	612～748		−5	220	
蜗轮蜗杆油 (SH/T 0094—1998)	L-CKE220	198～242			200	用于蜗杆蜗轮传动的润滑
	L-CKE320	288～352				
	L-CKE460	414～506		−6		
	L-CKE680	612～748			220	
	L-CKE1000	900～1 100				

表 14-2 闭式齿轮传动润滑油运动黏度($v_{40℃}$)荐用值　　　　mm²/s

齿轮材料	强度极限 σ_B /MPa	齿轮节圆速度 v/(m/s) <0.5	0.5～1	1～2.5	2.5～5	5～12.5	12.5～25	>25
钢	450～1 000	500	330	220	140	100	75	55
	1 000～1 250	500	500	330	220	140	100	75
	1 250～1 600	900	500	500	330	220	140	100
渗碳或表面淬火								
铸铁、青铜	—	330	220	145	100	75	55	—

注：多级减速器的润滑油黏度应按各级传动所需黏度的平均值选取。

表14-3　闭式蜗杆传动润滑油运动黏度($v_{40℃}$)荐用值

滑动速度/(m/s)	≤1	>1~2.5	>2.5~5	>5~10	>10~15	>15~25	>25
工作条件	重载	重载	中载	—	—	—	—
润滑方式	浸油			浸油或喷油	喷油润滑,喷油压力/MPa		
					0.07	0.2	0.3
运动黏度/(mm²/s)	900	580	330	220	135	100	75

表14-4　常用润滑脂的主要性能和用途

名称	代号	滴点/℃ 不低于	工作锥入度/($×10^{-1}$ mm) (25℃,150 g)	主要用途
钙基润滑脂 (GB/T 491—2008)	1号	80	310~340	有耐水性能。用于工作温度低于55~60℃的各种工农业、交通运输机械设备的轴承润滑,特别是有水或潮湿处
	2号	85	265~295	
	3号	90	220~250	
	4号	95	175~205	
钠基润滑脂 (GB/T 492—1989)	2号	160	265~295	不耐水(或潮湿)。用于工作温度在-10~110℃的一般中负荷机械设备轴承润滑
	3号		220~250	
通用锂基润滑脂 (GB/T 7324—1994)	1号	170	310~340	有良好的耐水性和耐热性。适用于-20~120℃宽温度范围内各种机械的滚动轴承、滑动轴承及其他摩擦部位的润滑
	2号	175	265~295	
	3号	180	220~250	
钙钠基润滑脂 (SH/T 0368—2003)	2号	120	250~290	用于工作温度在80~100℃、有水分或较潮湿环境中工作的机械润滑,多用于铁路机车、列车、小电动机、发电机滚动轴承(温度较高者)润滑。不适于低温工作
	3号	135		
滚珠轴承脂 (SH/T 0386—1992)		120	250~290 (-40℃时为30)	用于机车、汽车、电机及其他机械的滚动轴承润滑
7407号齿轮润滑脂 (SY 4036—1984)		160	75~90	适用于各种低速、中重载荷齿轮。链和联轴器等的润滑,使用温度≤120℃,可承受冲击载荷≤25 000 MPa

14.2　常用润滑装置

表14-5　直通式压注油杯(JB/T 7940.1—1995)　　　　mm

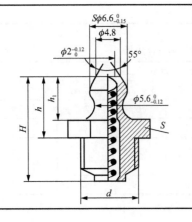

d	H	h	h_1	S	钢球
M06	13	8	6	$8_{-0.22}^{0}$	
M8×1	16	9	6.5	$10_{-0.22}^{0}$	3
M10×1	18	10	7	$11_{-0.22}^{0}$	

标记示例:连接螺纹M8×1、直通式压注油杯的标记为
油杯　M8×1　JB/T 7940.1—1995

表 14-6 压配式压注油杯(JB/T 7940.4—1995) mm

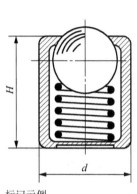

d		H	钢球
基本尺寸	极限偏差		(按 GB308—1989)
6	+0.040 +0.028	6	4
8	+0.049 +0.034	10	5
10	+0.058 +0.040	12	6
16	+0.063 +0.045	20	11
25	+0.085 +0.064	30	13

标记示例:

$d=8$ mm、压配式压注油杯的标记为

油杯 8 JB/T 7940.4—1995

表 14-7 旋盖式压注油杯(JB/T 7940.3—1995) mm

最小容量 /cm³	d	l	H	h	h_1	d_1	D	L_{max}	S
1.5	M8×1	8	14	22	7	3	16	33	$10_{-0.22}^{0}$
3	M10×1		15	23	8	4	20	35	$13_{-0.27}^{0}$
6			17	26			26	40	
12	M14×1.5	12	20	30	10	5	32	47	$18_{-0.27}^{0}$
18			22	32			36	50	
25			24	34			41	55	
50	M16×1.5		30	44			51	70	$21_{-0.33}^{0}$
100			38	52			68	85	

A型

标记示例:

最小容量为 18 cm³、A 型旋盖式油杯的标记为

油杯 A18 JB/T 7940.3—1995

14.3 密封装置

表 14-8　毡圈油封及槽的结构(JB/ZQ 4606—1997)　　　　mm

标记示例：

B＝10～12（钢制端盖）

B＝12～15（铸铁制端盖）

标记示例：

轴颈 d＝40 mm 的毡圈油封的标记：

毡圈　40　JB/ZQ 4406—1997

轴颈 d	毡圈			沟槽		
	D	d_1	b_1	D_0	d_0	b
15	29	14	6	28	16	5
20	33	19		32	21	
25	39	24	7	38	26	6
30	45	29		44	31	
35	49	34		48	36	
40	53	39		52	41	
45	61	44	8	60	46	7
50	69	49		68	51	
55	74	53		72	56	
60	80	58		78	61	
65	84	63		82	66	
70	90	68		88	71	
75	94	73		92	77	
80	102	78	9	100	82	8
85	107	83		105	87	

表 14-9　常用 O 形密封圈(GB/T3452.1—2005)　　　　mm

标记示例：

O 形圈 32.5×2.65-G-N-GB/T 3452.1—2005

（内径 d_1＝32.5 mm，截面直径 d_1＝2.65 mm，G 系列 N 级 O 形密封圈）

轴向密封沟槽尺寸(GB/T 3452.3—2005)				
d_2	b	h	r_1	r_2
1.8	2.6	1.28	0.24～0.4	0.1～0.3
2.65	3.8	1.97		
3.55	5.0	2.75	0.4～0.8	
5.3	7.3	4.24		
7.0	9.7	5.72	0.8～1.2	

d_1		d_2			d_1		d_2				d_1		d_2			d_1		d_2			
尺寸	公差 ±	1.8 ± 0.08	2.65 ± 0.09	3.55 ± 0.10	尺寸	公差 ±	1.8 ± 0.08	2.65 ± 0.09	3.55 ± 0.10	5.3 ± 0.13	尺寸	公差 ±	2.65 ± 0.09	3.55 ± 0.10	5.3 ± 0.13	尺寸	公差 ±	1.8 ± 0.08	2.65 ± 0.09	5.3 ± 0.13	7 ± 0.15
13.2	0.21	*	*		33.5	0.36	*	*	*		56	0.52	*	*	*	95	0.79	*	*	*	*
14	0.22	*	*		34.5	0.37	*	*	*		58	0.54	*	*	*	97.5	0.81		*	*	*
15	0.22	*	*		35.5	0.38	*	*	*		60	0.55	*	*	*	100	0.82	*	*	*	*

续表

d_1		d_2			d_1		d_2				d_1		d_2			d_1		d_2			
尺寸	公差±	1.8 ±0.08	2.65 ±0.09	3.55 ±0.10	尺寸	公差±	1.8 ±0.08	2.65 ±0.09	3.55 ±0.10	5.3 ±0.13	尺寸	公差±	2.65 ±0.09	3.55 ±0.10	5.3 ±0.13	尺寸	公差±	1.8 ±0.08	2.65 ±0.09	5.3 ±0.13	7 ±0.15
16	0.23	*	*		36.5	0.38	*	*	*		61.5	0.56	*	*	*	103	0.85	*	*	*	
17	0.24	*	*		37.5	0.39	*	*	*		63	0.57	*	*	*	106	0.87	*	*	*	
18	0.25	*	*	*	38.7	0.40	*	*	*		65	0.58	*	*	*	109	0.89	*	*	*	*
19	0.25	*	*	*	40	0.41	*	*	*	*	67	0.60	*	*	*	112	0.91	*	*	*	*
20	0.26	*	*	*	41.2	0.42	*	*	*	*	69	0.61	*	*	*	115	0.93	*	*	*	*
21.2	0.27	*	*	*	42.5	0.43	*	*	*	*	71	0.63	*	*	*	118	0.95	*	*	*	*
22.4	0.28	*	*	*	43.7	0.44	*	*	*	*	73	0.64	*	*	*	122	0.97	*	*	*	*
23.6	0.29	*	*	*	45	0.44	*	*	*	*	75	0.65	*	*	*	125	0.99	*	*	*	*
25	0.30	*	*	*	46.2	0.45	*	*	*	*	77.5	0.67	*	*	*	128	1.01	*	*	*	*
25.8	0.31	*	*	*	47.5	0.46	*	*	*	*	80	0.69	*	*	*	132	1.04	*	*	*	*
26.5	0.31	*	*	*	48.7	0.47	*	*	*	*	82.5	0.71	*	*	*	136	1.07	*	*	*	*
28.0	0.32	*	*	*	50	0.48	*	*	*	*	85	0.72	*	*	*	140	1.09	*	*	*	*
30.0	0.34	*	*	*	51.5	0.49			*	*	87.5	0.74	*	*	*	145	1.13	*	*	*	*
31.5	0.35	*	*	*	53	0.50			*	*	90	0.76	*	*	*	150	1.16	*	*	*	*
32.5	0.36	*	*	*	54.5	0.51			*	*	92.5	0.77	*	*	*	155	1.19	*	*	*	*

注：(1) ＊为可选规格。(2) N——一般级；S——较高级外观质量。

表 14-10　J 形无骨架橡胶油封（HG 4-338—1986）　　　　mm

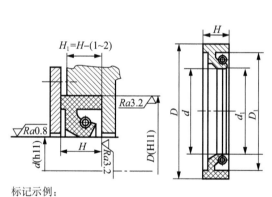

标记示例：

$d=45$ mm、$D=70$ mm、$H=12$ mm 的 J 型无骨架橡胶油封的标记为

J 形油封 $45 \times 70 \times 12$ HG4-338—1986

轴颈 d	D	D_1	d_1	H
30	55	46	29	
35	60	51	34	
40	65	56	39	
45	70	61	44	
50	75	66	49	
55	80	71	54	
60	85	76	59	
65	90	81	64	12
70	95	86	69	
75	100	91	74	
80	105	96	79	
85	110	101	84	
90	115	106	89	
95	120	111	94	

注：此标准经 1986 年确认后，继续执行。

表 14-11　内骨架式旋转轴唇形密封(GB 13871—1992)　mm

d	D	b
20	30,40,(45)	
22	30,40,47	
25	40,47,52	7
28	40,47,52	
30	42,47,(50),52	
32	45,47,52	
35	50,52,55	
38	55,58,62	
40	55,(60),62	
42	55,62	8
45	62,65	
50	68,(70),72	
55	72,(75),80	
60	80,85	
65	85,90	
70	90,95	
75	95,100	10
80	100,110	
85	110,120	
90	(115),120	12
95	120	

B型(单唇)　FB型(双唇)

标记示例:
(F)B 50 72 8 × ××
- 制造单位或代号
- 胶种代号
- b=8 mm
- D=72 mm
- d=50 mm
- (有副唇)内包骨架旋转轴唇形密封圈

注:1. 括号内尺寸尽量不采用。

2. 为便于拆卸密封圈,在壳体上应有 d_0 孔 3~4 个。

3. 在一般情况下(中速),采用胶种为 B-丙烯酸酯橡胶(ACM)。

表 14-12　油沟式密封槽(JB/ZQ 4245—1997)　mm

轴颈 d	R	t	b	d_1	a_{min}	h
10~25	1	3	4	d+0.4		
>25~80	1.5	4.6	4			
>80~120	2	6	5	d+1	nt+R	1
>120~180	2.5	7.5	6			
>180	3	9	7			

注:(1) 表中 R、t、b 尺寸,在个别情况下,可用于与表中不相对应的轴颈上。

(2) 一般槽数 n=2~4 个,使用 3 个的较多。

表 14-13　迷宫式密封槽(JB/ZQ 4245—1997)　mm

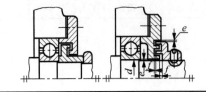

d	10~50	>50~80	>80~110	>110~180
e	0.2	0.3	0.4	0.5
f	1	1.5	2	2.5

第15章　渐开线圆柱齿轮的精度

15.1　圆柱齿轮的精度

国家标准对单个齿轮规定了 13 个精度等级,即 0,1,2,3,…,12,其中 0 级精度最高,12 级精度最低。变速箱所采用的精度等级一般在 7～9 级范围。齿轮副中两个齿轮一般取相同的精度等级,也允许取成不相同的精度等级。表 15-1 给出了与精度等级所对应的加工方法及应用范围。

表 15-1　各种精度等级齿轮的加工方法和适用范围

精度等级	工作条件与适用范围	圆周速度/(m/s)		齿面的最后加工
		直齿	斜齿	
5	用于高平稳且低噪声的高速传动中的齿轮;精密机构中的齿轮;透平传动的齿轮;检测 8、9 级的测量齿轮;重要的航空、船用齿轮箱齿轮	>20	>40	特精密的磨齿和珩磨用精密滚刀滚齿
6	用于高速下平稳工作,需要高效率及低噪声的齿轮;航空、汽车用齿轮;读数装置中的精密齿轮;机床传动链齿轮,机床传动齿轮	≥15	≥30	精密磨齿或剃齿
7	在高速和适度功率或大功率和适当速度下工作的齿轮;机床变速箱进给齿轮;起重机齿轮;汽车及读数装置中的齿轮	≥10	≥15	用精确刀具加工,对于淬硬齿轮必须精整加工(磨齿、研齿、珩齿)
8	一般机器中无特殊精度要求的齿轮;机床变速齿轮;汽车制造业中的不重要齿轮;冶金、起重、农业机械中的重要齿轮	≥6	≥10	滚、插齿均可,不用磨齿,必要时剃齿或研齿
9	用于没有精度要求的粗糙工作的齿轮;因结构上考虑,受载低于计算载荷的传动用齿轮;重载、低速不重要工作机械的传动齿轮,农用齿轮	≥2	≥4	不需要特殊的精加工程序

齿轮的公差分为三个组,分别为Ⅰ、Ⅱ、Ⅲ公差组,根据使用要求不同,各公差组可以选用相同或不同的精度等级,但在同一公差组内,各项公差与极限偏差应该保持相同的精度等级。表 15-2 给出了圆柱齿轮各项公差与极限偏差分组及各检验组的应用。

表 15-2 圆柱齿轮各项公差与极限偏差分组及各检验组的应用

公差组	公差与极限偏差项目			7~9级精度常用检验组	适用范围
	名称	代号	数值		
I	切向综合公差	F'_i	F_p+f_f	ΔF_p	常用于7级精度齿轮
	齿距累积公差	F_p	表15-4		
	K个齿距累积公差	F_{pK}		$\Delta F''_i$ 与 ΔF_w	这两个检验组中,当其中有一项超差时,应按 ΔF_p 检定和验收齿轮精度
	径向综合公差	F''_i	表15-3		
	齿圈径向跳动公差	F_r		ΔF_r 与 ΔF_w	
	公法线长度变动公差	F_w			
II	一齿切向综合公差	f'_i	$0.6(f_{p1}+f_f)$	$\Delta f''_i$	在齿形精度有保证的情况下使用,一般用于成批生产
	一齿径向综合公差	f''_i			
	齿形公差	f_f	表15-3	Δf_f 与 Δf_{pb}	适用于展成法的磨齿工艺
	齿距极限偏差	$\pm f_{pt}$			
	基节极限偏差	$\pm f_{pb}$		Δf_f 与 Δf_{pt}	适用于磨齿、滚齿和剃齿工艺。当采用设计齿形时,齿形修正部分不检验 Δf_{pb}
	螺旋线波度公差	$\pm f_f$	$f'_i\cos\beta$		
III	齿向公差	F	表15-4	ΔF	若齿轮副接触斑点的分布位置和大小确有保证时,单个齿轮的本项目可不考核
	接触线公差	F_b	F		
	轴向齿距极限偏差	$\pm F_{px}$	F		

表 15-3 圆柱齿轮 F''_i、F_r、F_w、f''_i、f_f、$\pm f_{pt}$、$\pm f_{pb}$ 值　　μm

公差组别	精度等级		7			8			9		
	分度圆直径		≤125	>125~400	>400~800	≤125	>125~400	>400~800	≤125	>125~400	>400~800
	检验项目	法向模数									
I	径向综合公差 F''_i	≥1~3.5	50	71	90	63	90	112	90	112	140
		>3.5~6.3	56	80	100	71	100	125	112	140	160
		>6.3~10	63	90	112	80	112	140	125	160	180
	齿圈径向跳动公差 F_r	≥1~3.5	36	50	63	45	63	80	71	80	100
		>3.5~6.3	40	56	71	50	71	90	80	100	112
		>6.3~10	45	63	80	56	80	100	90	112	125
	公法线长度变动公差 F_w		28	36	45	40	50	63	56	71	90
II	一齿径向综合公差 f''_i	≥1~3.5	20	22	25	28	32	36	36	40	45
		>3.5~6.3	25	28	28	36	40	40	45	50	50
		>6.3~10	28	32	32	40	45	45	50	56	56
	齿形公差 f_f	≥1~3.5	11	13	17	14	18	25	22	28	40
		>3.5~6.3	14	16	20	20	22	28	32	36	45
		>6.3~10	17	19	24	22	28	36	36	45	56
	齿距极限偏差 $\pm f_{pt}$	≥1~3.5	14	16	18	20	22	25	28	32	36
		>3.5~6.3	18	20	20	25	28	28	36	40	40
		>6.3~10	20	22	25	28	32	36	40	45	50
	基节极限偏差 $\pm f_{pb}$	≥1~3.5	13	14	16	18	20	22	25	30	32
		>3.5~6.3	16	18	18	22	25	25	32	36	36
		>6.3~10	18	20	22	25	30	32	36	40	45

表 15 - 4　圆柱齿轮的 F_P、F_{pK}、F_β 值　　　　　　μm

齿距累积公差 F_p 及 K 个齿距累积公差 F_{pK}				齿向公差 F			
分度圆弧长 L/mm	Ⅰ 组精度等级			有效齿宽/mm	Ⅱ 组精度等级		
	7	8	9		7	8	9
>50～80	36	50	71	≤40	11	18	28
>80～160	45	63	90	>40～100	16	25	40
>160～315	63	90	125	>100～160	20	32	50
>315～630	90	125	180	>160～250	24	38	60
>630～1 000	112	160	225	>250～400	28	45	75

注：(1) 查 F_p 时，取分度圆弧长 $L=\dfrac{1}{2}\pi d=\dfrac{\pi m_n z}{2\cos\beta}$。

(2) 查 F_{pK} 时，取 $L=\dfrac{K\pi m_n}{\cos\beta}$，式中 K 为 2 到小于 $z/2$ 的整数，通常 K 取值为小于 $z/6$（或 $z/8$）的最大整数。

表 15 - 5　齿轮副公差、极限偏差与检验项目

公差组	公差与极限偏差项目			检验项目
	名称	代号	数值	
Ⅰ	齿轮副的切向综合公差	F'_{ic}	$F'_{i1}+F'_{i2}$	
Ⅱ	齿轮副的一齿切向综合公差	f''_{ic}	$f''_{i1}+f''_{i2}$	$\Delta F'_{ic}$ $\Delta f''_{ic}$ 接触斑点 j_{nmax} j_{nmin}
	齿轮副的中心距极限偏差	$\pm f_a$	表 15 - 6	
Ⅲ	齿轮副的接触斑点		表 15 - 7	
	x 方向轴线的平行度公差	f_x	F_β	
	y 方向轴线的平行度公差	f_y	$F_\beta/2$	
	齿轮副最大、最小极限侧隙	j_{nmax} j_{nmin}	表 15 - 9	

注：当两齿轮的齿数比为不大于 3 的整数且采用选配时，F'_{ic} 应比计算值压缩 25% 或更多。

表 15 - 6　齿轮副中心距极限偏差 $\pm f_a$

齿轮精度等级	3～4	5～6	7～8	9～10	11～12
$\pm f_a$	$\dfrac{1}{2}$IT6	$\dfrac{1}{2}$IT7	$\dfrac{1}{2}$IT8	$\dfrac{1}{2}$IT9	$\dfrac{1}{2}$IT11

表 15 - 7　接触斑点

齿轮精度等级	5 和 6	7 和 8	9～12	齿轮精度等级	5 和 6	7 和 8	9～12
占齿面高度 百分比不小于	40% (30%)	40% (30%)	40% (30%)	占齿宽的 百分比不小于	80% (80%)	70% (70%)	50% (50%)

齿轮副的侧隙是为了防止齿轮副因制造、安装误差和工作热变形而使齿轮工作中发生干涉，甚至卡死现象，并能够在齿面间形成润滑油膜。GB/T 10095—2008 规定了 14 种齿厚极限偏差标准值，用 C～S 共 14 个符号进行表示，如表 15 - 8 所示。因此，在设计齿轮时规定了

最大极限侧隙 j_{nmax}（或 j_{tmax}）和最小极限侧隙 j_{nmin}（或 j_{tmin}），可以根据表 15-9 进行计算。

表 15-8 齿厚极限偏差

$C=+1f_{pt}$	$G=-6f_{pt}$	$L=-16f_{pt}$	
$D=0$	$H=-8f_{pt}$	$M=-20f_{pt}$	$R=-40f_{pt}$
$E=-2f_{pt}$	$J=-10f_{pt}$	$N=-25f_{pt}$	$S=-50f_{pt}$
$F=-4f_{pt}$	$K=-12f_{pt}$	$P=-32f_{pt}$	

注：外啮合齿轮公法线平均长度上、下偏差及公差为：

上偏差：$E_{Wms}=E_{ss}\cos\alpha_n-0.72F_r\sin\alpha_n$

下偏差：$E_{Wmi}=E_{si}\cos\alpha_n+0.72F_r\sin\alpha_n$

公差：$T_{Wm}=T_s\cos\alpha_n-1.44F_r\sin\alpha_n$

表 15-9 齿轮极限侧隙和齿厚极限偏差

	计算值	实际值
补偿温升最小侧隙量	$j_{nmin1}=1\,000a(\alpha_1\Delta t_1-\alpha_2\Delta t_2)\cdot 2\sin\alpha_n$	齿厚上偏差：$E_{ss}=\dfrac{E'_{ss}}{f_{pt}}$ 取标准值
保证润滑最小侧隙量	$j_{nmin2}=(5\sim10)m_n$（油池润滑）	齿厚下偏差：$E_{si}=\dfrac{E'_{si}}{f_{pt}}$ 取标准值
最小法向极限侧隙	$j_{nmin}=j_{nmin1}+j_{nmin2}$	齿厚公差：$T_s=E_{ss}-E_{si}$
加工、安装误差引起侧隙减小量	$J_n=\sqrt{f_{pb1}^2+f_{pb2}^2+(1.25\cos^2\alpha_n+1)F_\beta^2}$	最小法向极限侧隙： $j_{nmin}=\|E_{ss1}+E_{ss2}\|\cos\alpha_n-f_a\cdot2\sin\alpha_n-J_n$
大、小齿轮齿厚上偏差之和	$E'_{ss1}+E'_{ss2}=-2f_a\tan\alpha_n-\dfrac{j_{nmin}+J_n}{\cos\alpha_n}$	最大法向极限侧隙：$j_{nmax}=j_{nmin}+$
齿厚公差 式中：I组精度7级	$T'_s=\sqrt{F_r^2+b_r^2}\cdot2\tan\alpha_n$ $b_r=$ IT9；8级 $b_r=1.26$ IT9；9级 $b_r=$ IT10	$\sqrt{(T_{s1}^2+T_{s2}^2)\cos^2\alpha_n+(4f_a\sin\alpha_n)^2+J_n^2}$
齿厚下偏差	$E'_{si}=E'_{ss}-T'_s$	圆周侧隙：$j_t=j_n/(\cos\alpha_n\cos\beta)$

表 15-10 齿厚极限偏差 E_s 的参考值

分度圆直径/mm	偏差名称	II组精度7级 法面模数/mm						II组精度8级 法面模数/mm						II组精度9级 法面模数/mm					
		≥1~3.5		>3~6.5		>6.3~10		≥1~3.5		>3~6.5		>6.3~10		≥1~3.5		>3~6.5		>6.3~10	
		偏差代号	偏差数值	偏差代号	偏差数值	偏差代号	偏差数值	偏差代号	偏差数值	偏差代号	偏差数值	偏差代号	偏差数值	偏差代号	偏差数值	偏差代号	偏差数值	偏差代号	偏差数值
≤80	E_{ss}	H	-112	G	-108	G	-120	G	-120	F	-100	F	-112	F	-112	F	-144	F	-160
	E_{si}	K	-168	J	-180	H	-160	J	-200	G	-150	G	-168	H	-224	G	-216	G	-240
>80~125	E_{ss}	H	-112	G	-108	G	-120	G	-120	G	-150	F	-112	G	-168	F	-144	F	-160
	E_{si}	K	-168	J	-180	H	-160	J	-200	H	-200	G	-168	J	-280	G	-216	G	-240
>125~180	E_{ss}	H	-128	G	-120	G	-132	G	-132	G	-168	F	-128	G	-192	F	-160	F	-180
	E_{si}	K	-192	J	-200	J	-220	J	-220	J	-280	H	-256	J	-320	G	-320	G	-270
>180~250	E_{ss}	H	-128	H	-160	G	-132	H	-176	G	-168	G	-292	G	-192	F	-160	F	-180
	E_{si}	K	-192	K	-240	J	-220	K	-264	J	-280	H	-256	J	-320	H	-320	G	-270

续表

分度圆直径/mm	偏差名称	Ⅱ组精度7级 法面模数/mm						Ⅱ组精度8级 法面模数/mm						Ⅱ组精度9级 法面模数/mm					
		≥1~3.5		>3~6.5		>6.3~10		≥1~3.5		>3~6.5		>6.3~10		≥1~3.5		>3~6.5		>6.3~10	
		偏差代号	偏差数值	偏差代号	偏差数值	偏差代号	偏差数值	偏差代号	偏差数值	偏差代号	偏差数值	偏差代号	偏差数值	偏差代号	偏差数值	偏差代号	偏差数值	偏差代号	偏差数值
>250~315	E_{ss}	J	−160	H	−160	H	−178	H	−176	G	−168	G	−192	G	−192	G	−240	F	−180
	E_{si}	L	−192	K	−240	K	−264	K	−264	J	−280	H	−256	J	−320	J	−400	G	−270
>315~400	E_{ss}	K	−192	H	−160	H	−176	H	−176	G	−168	G	−192	H	−256	G	−240	G	−270
	E_{si}	L	−256	K	−240	K	−264	K	−264	J	−280	H	−256	K	−384	J	−400	H	−360
>400~500	E_{ss}	J	−180	J	−200	H	−200	H	−200	H	−224	G	−216	H	−288	G	−240	G	−300
	E_{si}	L	−288	L	−320	K	−300	K	−300	K	−336	H	−288	K	−432	J	−400	H	−400

表 15-11　公法线长度 W'（$m=1$ mm，$a=20°$）

齿轮齿数 z	跨测齿数 K	公法线长度 W'	齿轮齿数 z	跨测齿数 K	公法线长度 W'	齿轮齿数 z	跨测齿数 K	公法线长度 W'	齿轮齿数 z	跨测齿数 K	公法线长度 W'	齿轮齿数 z	跨测齿数 K	公法线长度 W'
10	2	4.568 3	48	6	16.909 0	86	10	29.249 7	124	14	41.590 4	162	19	56.883 3
11	2	4.582 3	49	6	16.923 0	87	10	29.263 7	125	14	41.604 4	163	19	56.897 2
12	2	4.596 3	50	6	16.937 0	88	10	29.277 7	126	15	44.570 6	164	19	56.911 3
13	2	4.610 3	51	6	16.951 0	89	10	29.291 7	127	15	44.584 6	165	19	56.925 3
14	2	4.624 3	52	6	16.966 0	90	11	32.257 9	128	15	44.598 6	166	19	56.939 3
15	2	4.638 3	53	6	16.979 0	91	11	32.271 8	129	15	44.612 6	167	19	56.953 3
16	2	4.652 3	54	7	19.945 2	92	11	32.285 8	130	15	44.626 6	168	19	56.967 3
17	2	4.666 3	55	7	19.959 1	93	11	32.299 8	131	15	44.640 6	169	19	56.981 3
18	3	7.632 4	56	7	19.973 1	94	11	32.313 8	132	15	44.654 6	170	19	56.995 3
19	3	7.646 4	57	7	19.987 1	95	11	32.327 9	133	15	44.668 6	171	20	59.961 5
20	3	7.660 4	58	7	20.001 1	96	11	32.341 9	134	15	44.682 6	172	20	59.975 4
21	3	7.674 4	59	7	20.015 2	97	11	32.355 9	135	16	47.649 0	173	20	59.989 4
22	3	7.688 4	60	7	20.029 2	98	11	32.369 9	136	16	47.662 7	174	20	60.003 4
23	3	7.702 4	61	7	20.043 2	99	12	35.336 1	137	16	47.676 7	175	20	60.017 4
24	3	7.716 5	62	7	20.057 2	100	12	35.350 0	138	16	47.690 7	176	20	60.031 4
25	3	7.730 5	63	8	23.023 3	101	12	35.364 0	139	16	47.704 7	177	20	60.045 5
26	3	7.744 5	64	8	23.037 2	102	12	35.378 0	140	16	47.718 7	178	20	60.059 5
27	4	10.710 6	65	8	23.051 3	103	12	35.392 0	141	16	47.732 7	179	20	60.073 5
28	4	10.724 6	66	8	23.065 3	104	12	35.406 0	142	16	47.746 8	180	21	63.039 7
29	4	10.738 6	67	8	23.079 3	105	12	35.420 0	143	16	47.760 8	181	21	63.053 6

续表

齿轮齿数 z	跨测齿数 K	公法线长度 W'	齿轮齿数 z	跨测齿数 K	公法线长度 W'	齿轮齿数 z	跨测齿数 K	公法线长度 W'	齿轮齿数 z	跨测齿数 K	公法线长度 W'	齿轮齿数 z	跨测齿数 K	公法线长度 W'
30	4	10.752 6	68	8	23.093 3	106	12	35.434 0	144	17	50.727 0	182	21	63.067 6
31	4	10.766 6	69	8	23.107 3	107	12	35.448 1	145	17	50.740 9	183	21	63.081 6
32	4	10.780 6	70	8	23.121 3	108	13	38.414 2	146	17	50.754 9	184	21	63.095 6
33	4	10.794 6	71	8	23.135 3	109	13	38.428 2	147	17	50.768 9	185	21	63.109 6
34	4	10.808 6	72	9	26.101 5	110	13	38.442 2	148	17	50.782 9	186	21	63.123 6
35	4	10.822 6	73	9	26.115 5	111	13	38.456 2	149	17	50.796 9	187	21	63.137 6
36	5	13.788 8	74	9	26.129 5	112	13	38.470 2	150	17	50.810 9	188	21	63.151 6
37	5	13.802 8	75	9	26.143 5	113	13	38.484 2	151	17	50.824 9	189	22	66.117 9
38	5	13.816 8	76	9	26.157 5	114	13	38.498 2	152	17	50.838 9	190	22	66.131 8
39	5	13.830 8	77	9	26.171 5	115	13	38.512 2	153	18	53.805 1	191	22	66.145 8
40	5	13.844 8	78	9	26.185 5	116	13	38.526 2	154	18	53.819 1	192	22	66.159 8
41	5	13.858 8	79	9	26.199 5	117	14	41.492 4	155	18	53.833 1	193	22	66.173 8
42	5	13.872 8	80	9	26.213 5	118	14	41.506 4	156	18	53.847 1	194	22	66.187 8
43	5	13.886 8	81	10	29.179 7	119	14	41.520 4	157	18	53.861 1	195	22	66.201 8
44	5	13.900 8	82	10	29.193 7	120	14	41.534 4	158	18	53.875 1	196	22	66.215 8
45	6	16.867 0	83	10	29.207 7	121	14	41.548 4	159	18	53.889 1	197	22	66.229 8
46	6	16.881 0	84	10	29.221 7	122	14	41.562 4	160	18	53.903 1	198	22	69.196 1
47	6	16.895 0	85	10	29.235 7	123	14	41.576 4	161	18	53.917 1	199	23	69.210 1

注:(1) 对于标准直齿圆柱齿轮,公法线长度 $W = W'm$,其中 W' 为 $m=1$ mm、$\alpha_0 = 20°$ 时的公法线长度,查本表。

(2) 对于变位直齿圆柱齿轮,当变位系数较小,$|x| < 0.3$ 时,跨测齿数 K 不变,按照上表查出,而公法线长度 $W = (W' + 0.684x)m$,其中 x 为变位系数;当变位系数较大,$|x| > 0.3$ 时,跨测齿数 K' 可按 $K' = z\dfrac{\alpha_x}{180°} + 0.5$ 计算,其中,$\alpha_x = \arccos\dfrac{2d\cos\alpha_0}{d_a + d_f}$。公法线长度 $W = [2.952\,1(K' - 0.5) + 0.014z + 0.684x]m$。

(3) 斜齿轮的公法线长度 W_n 在法向面内测量,其值也可按上表确定,但必须根据假想齿数 z' 查表,z' 可按 $z' = K_\beta z$ 计算,其中,K_β 为与分度圆上齿的螺旋角 b 有关的假想齿数系数,见表 15-12。假想齿数常为非整数,其中小数部分 $\Delta z'$ 所对应的公法线长度 $\Delta W'$ 可查表 15-13,总的公法线长度 $W_n = (W' + \Delta W')m_n$,其中 m_n 为法面模数,W' 为与假想齿数 z' 的整数部分相对应的公法线长度,查本表。

(4) 齿轮公法线平均长度的上下偏差及公差为:上偏差 $E_{wms} = E_{ss}\cos\alpha_n - 0.72F_r\sin\alpha_n$;下偏差 $E_{wmi} = E_{si}\cos\alpha_n + 0.72F_r\sin\alpha_n$。

表 15-12　假想齿数系数 K_β($\alpha_n = 20°$)

β	K_β	差值	β	K_β	差值	β	K_β	差值	β	K_β	差值
1°	1.000	0.002	6°	1.016	0.006	11°	1.054	0.011	16°	1.119	0.017
2°	1.002	0.002	7°	1.022	0.006	12°	1.065	0.012	17°	1.136	0.018
3°	1.004	0.003	8°	1.028	0.008	13°	1.077	0.013	18°	1.154	0.019
4°	1.007	0.004	9°	1.036	0.009	14°	1.090	0.014	19°	1.173	0.021
5°	1.011	0.005	10°	1.045	0.009	15°	1.104	0.015	20°	1.194	0.022

续表

β	K_β	差值	β	K_β	差值	β	K_β	差值	β	K_β	差值
21°	1.216	0.024	25°	1.323	0.031	29°	1.462	0.042	33°	1.646	0.054
22°	1.240	0.026	26°	1.354	0.034	30°	1.504	0.044	34°	1.700	0.058
23°	1.266	0.027	27°	1.388	0.036	31°	1.548	0.047	35°	1.758	0.062
24°	1.293	0.030	28°	1.424	0.038	32°	1.595	0.051	36°	1.820	0.067

注：当分度圆螺旋角 β 为非整数时，K_β 可按差值用内插法求出。

表 15-13　假想齿数小数部分 $\Delta z'$ 的公法线长度 $\Delta w'$（$m_n = 1$ mm，$\alpha_n = 20°$）　　　　　mm

$\Delta z'$	0.00	0.01	0.02	0.03	0.04	0.05	0.06	0.07	0.08	0.09
0.0	0.000 0	0.000 1	0.000 3	0.000 4	0.000 6	0.000 7	0.000 8	0.001 0	0.001 1	0.001 3
0.1	0.001 4	0.001 5	0.001 7	0.001 8	0.002 0	0.002 1	0.002 2	0.002 4	0.002 5	0.002 7
0.2	0.002 8	0.002 9	0.003 1	0.003 2	0.003 4	0.003 5	0.003 6	0.003 8	0.003 9	0.004 1
0.3	0.004 2	0.004 3	0.004 5	0.004 6	0.004 8	0.004 9	0.005 1	0.005 2	0.005 3	0.005 5
0.4	0.005 6	0.005 7	0.005 9	0.006 0	0.006 1	0.006 3	0.006 4	0.006 6	0.006 7	0.006 9
0.5	0.007 0	0.007 1	0.007 3	0.007 4	0.007 6	0.007 7	0.007 9	0.008 0	0.008 1	0.008 3
0.6	0.008 4	0.008 5	0.008 7	0.008 8	0.008 9	0.009 1	0.009 2	0.009 4	0.009 5	0.009 7
0.7	0.009 8	0.009 9	0.010 1	0.010 2	0.010 4	0.010 5	0.010 6	0.010 8	0.010 9	0.011 1
0.8	0.011 2	0.011 4	0.011 5	0.011 6	0.011 8	0.011 9	0.012 0	0.012 2	0.012 3	0.012 4
0.9	0.012 6	0.012 7	0.012 9	0.013 0	0.013 2	0.013 3	0.013 5	0.013 6	0.013 7	0.013 9

注：当 $\Delta z' = 0.65$ 时，由上表查得 $\Delta w' = 0.009\ 1$。

15.2　齿坯精度要求

表 15-14　齿坯的尺寸和形位公差

齿轮精度等级		6	7	8	9	10
孔	尺寸公差 形状公差	IT6	IT7		IT8	
轴	尺寸公差 形状公差	IT5	IT6		IT7	
齿顶圆直径	作测量基准		IT8		IT9	
	不作测量基准		公差按 IT11 给定，但不大于 $0.1m_n$			

表 15-15　圆柱齿轮主要加工面表面粗糙度 Ra 的推荐值

Ⅱ组精度等级	加工面	轮齿齿面	基准孔 （轴孔）	基准轴颈 （齿轮轴）	基准端面	齿顶圆柱面	
						作测量基准	不作测量基准
7	粗糙度 Ra 值	0.8~1.6	0.8~1.6	0.8	3.2	1.6~3.2	6.3~12.5
8		1.6~3.2	1.6	1.6		3.2	
9		3.2~6.3	3.2	1.6		6.3	

15.3　精度等级的标注

在齿轮零件图上,应标注出齿轮的精度等级和齿厚极限偏差的代号。

标注示例 1:齿轮的三个公差组精度同为 7 级,齿厚的上偏差为 H,下偏差为 K,标记为

7-HK　GB/T 10095.1—2008

标注示例 2:齿轮的第 Ⅰ 公差组精度为 8 级,第 Ⅱ 公差组精度为 7 级,第 Ⅲ 公差组精度为 7 级,齿厚上偏差为 G,齿厚下偏差为 J,标记为

8-7-7 G J　GB/T 10095—2008

附录1 变速箱设计题目

设计题目(一) 设计一个用于带式运输机上的单级圆柱齿轮减速器。运输机连续工作,单向运转,载荷变化不大,空载启动。减速机小批量生产,使用期限10年,两班制工作。运输带允许速度误差为5%。

设计内容:

(1)变速器总装图一张,零件图两张。

(2)设计说明书一份。

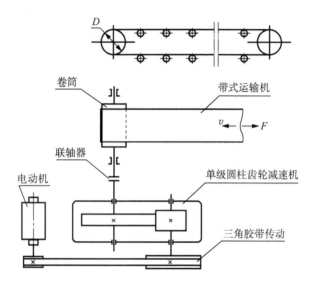

原始数据表:

原始数据	题号									
	1	2	3	4	5	6	7	8	9	10
运输带拉力 F/N	3×10^3	3×10^3	3×10^3	3×10^3	3×10^3	3×10^3	2.2×10^3	2.2×10^3	2.2×10^3	2.5×10^3
运输带速度 v/(m/s)	1.3	1.5	1.8	1.4	1.5	1.6	1.5	1.6	1.8	1.4
卷筒直径/mm	400	400	400	450	450	450	450	450	450	450

原始数据	题号									
	11	12	13	14	15	16	17	18	19	20
运输带拉力 F/N	2.5×10^3	2.5×10^3	2.5×10^3	2.5×10^3	2.5×10^3	2.9×10^3	2.9×10^3	2.9×10^3	2.9×10^3	2.9×10^3
运输带速度 v/(m/s)	1.5	1.8	1.5	1.6	1.8	1.4	1.6	1.8	1.4	1.6
卷筒直径/mm	450	450	420	420	420	420	400	400	420	420

续表

原始数据	题号									
	21	22	23	24	25	26	27	28	29	30
运输带拉力 F/N	2.9×10^3	2.9×10^3	2.9×10^3	2.9×10^3	3.2×10^3	3.2×10^3	3.2×10^3	3.2×10^3	3.2×10^3	3.2×10^3
运输带速度 v/(m/s)	1.8	1.4	1.6	1.8	1.4	1.6	1.8	1.4	1.6	1.8
卷筒直径/mm	420	450	450	450	400	400	400	420	420	420

设计题目(二) 设计一个用于带式运输机上的二级圆柱齿轮减速器。运输机连续工作，单向运转，载荷变化不大，空载启动。减速器小批量生产，使用期限为 10 年，两班制工作。运输带允许速度误差为 5%。

设计内容：

(1) 变速器总装图一张，零件图两张。

(2) 设计说明书一份。

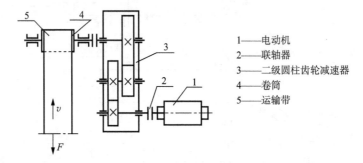

1——电动机
2——联轴器
3——二级圆柱齿轮减速器
4——卷筒
5——运输带

原始数据表：

原始数据	题号									
	1	2	3	4	5	6	7	8	9	10
运输带拉力 F/N	3×10^3	3×10^3	3×10^3	3×10^3	3×10^3	3×10^3	2.2×10^3	2.2×10^3	2.2×10^3	2.5×10^3
运输带速度 v/(m/s)	1.3	1.5	1.8	1.4	1.5	1.6	1.5	1.6	1.8	1.4
卷筒直径/mm	400	400	400	450	450	450	450	450	450	450

原始数据	题号									
	11	12	13	14	15	16	17	18	19	20
运输带拉力 F/N	2.5×10^3	2.5×10^3	2.5×10^3	2.5×10^3	2.5×10^3	2.9×10^3	2.9×10^3	2.9×10^3	2.9×10^3	2.9×10^3
运输带速度 v/(m/s)	1.5	1.8	1.5	1.6	1.8	1.4	1.6	1.8	1.4	1.6
卷筒直径/mm	450	450	420	420	420	420	400	400	420	420

原始数据	题号									
	21	22	23	24	25	26	27	28	29	30
运输带拉力 F/N	2.9×10^3	2.9×10^3	2.9×10^3	2.9×10^3	3.2×10^3	3.2×10^3	3.2×10^3	3.2×10^3	3.2×10^3	3.2×10^3
运输带速度 v/(m/s)	1.8	1.4	1.6	1.8	1.4	1.6	1.8	1.4	1.6	1.8
卷筒直径/mm	420	450	450	450	400	400	400	420	420	420

设计题目(三)　设计用于带式运输机的展开式二级圆柱齿轮变速箱。工作条件如下：连续单向运转，工作时有轻微振动，使用期限为 10 年，小批量生产，单班制工作，运输带速度允许误差为±5％。

设计内容：

(1) 变速器总装图一张，零件图两张。

(2) 设计说明书一份。

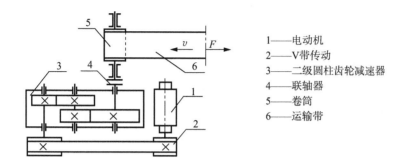

1——电动机
2——V带传动
3——二级圆柱齿轮减速器
4——联轴器
5——卷筒
6——运输带

原始数据表：

数据编号	1	2	3	4	5	6	7	8	9	10
运输机工作轴转矩 $T/(\text{N} \cdot \text{m})$	800	850	900	950	800	850	900	800	850	900
运输带工作速度 $v/(\text{m/s})$	1.20	1.25	1.30	1.35	1.40	1.45	1.20	1.30	1.35	1.40
卷筒直径 D/mm	360	370	380	390	400	410	360	370	380	390
数据编号	11	12	13	14	15	16	17	18	19	20
运输机工作轴转矩 $T/(\text{N} \cdot \text{m})$	850	950	900	950	800	850	900	800	850	900
运输带工作速度 $v/(\text{m/s})$	1.25	1.20	1.20	1.30	1.30	1.45	1.25	1.35	1.20	1.30
卷筒直径 D/mm	380	370	370	390	400	400	370	360	380	390

设计题目(四)　设计用于带式运输机的展开式二级圆柱齿轮变速箱。工作条件如下：连续单向运转，工作时有轻微振动，使用期限为 8 年，空载启动，小批量生产，单班制工作，运输带速度允许误差为±5％。

设计内容：

(1) 变速器总装图一张，零件图两张。

(2) 设计说明书一份。

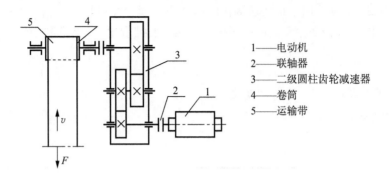

1——电动机
2——联轴器
3——二级圆柱齿轮减速器
4——卷筒
5——运输带

原始数据表：

数据编号	1	2	3	4	5	6	7	8	9	10
运输机工作轴拉力 F/N	1 900	1 800	1 600	2 200	2 250	2 500	2 450	1 900	2 200	2 000
运输带工作速度 v/(m/s)	1.30	1.35	1.40	1.45	1.50	1.30	1.35	1.45	1.50	1.55
卷筒直径 D/mm	250	260	270	280	290	300	250	260	270	280

设计题目(五)　设计用于带式运输机的一级锥齿轮变速箱。工作条件如下：连续单向运转，工作时有轻微振动，使用期限为 8 年，小批量生产，两班制工作，运输带速度允许误差为 ±5%。

设计内容：

(1) 变速器总装图一张，零件图两张。

(2) 设计说明书一份。

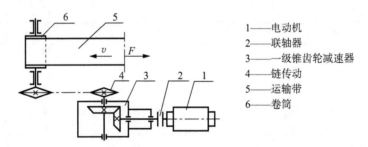

1——电动机
2——联轴器
3——一级锥齿轮减速器
4——链传动
5——运输带
6——卷筒

原始数据表：

数据编号	1	2	3	4	5	6	7	8	9	10
运输机工作轴拉力 F/N	1 500	1 800	2 000	2 200	2 400	2 600	2 800	2 800	2 700	2 500
运输带工作速度 v/(m/s)	1.5	1.5	1.6	1.6	1.7	1.7	1.8	1.8	1.5	1.4
卷筒直径 D/mm	260	260	270	280	300	320	320	300	300	300

设计题目(六) 设计用于带式运输机的圆锥-圆柱齿轮变速箱。工作条件如下：连续单向运转，工作时有轻微振动，使用期限为10年，小批量生产，单班制工作，运输带速度允许误差为±5%。

设计内容：

(1) 变速器总装图一张，零件图两张。

(2) 设计说明书一份。

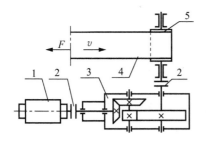

1——电动机
2——联轴器
3——圆锥-圆柱齿轮减速器
4——运输带
5——卷筒

原始数据表：

数据编号	1	2	3	4	5	6	7	8	9	10
运输机工作轴拉力 F/N	2 500	2 400	2 300	2 200	2 100	2 100	2 800	2 700	2 600	2 500
运输带工作速度 $v/(m/s)$	1.40	1.50	1.60	1.70	1.80	1.90	1.30	1.40	1.50	1.60
卷筒直径 D/mm	250	260	270	280	290	300	250	260	270	280

附录 2　机械创新设计题目

(1) 伸缩式螺旋千斤顶　伸缩式螺旋千斤顶是随着汽车大众化而出现的新式起重器,具有结构新颖、体积小、重量轻、操作方便、省力等特点。试按下述参数要求进行设计:承载10 000 N,全升程 252 mm,有效升程 110 mm,摇杆操作力 180 N。

(2) 工业机器人夹持器　工业机器人夹持器是机器人操作机与工件、工具等直接接触并进行作业的装置。按下述指标设计你认为更好的机器人夹持器。夹持力为 250 N,夹持工件最大尺寸:柱类为 φ150 mm,管内径 φ200 mm。

(3) 平面移动式夹持圆形工件的机械手　如下图所示为一夹持形工件,并能平面移动的液压机械式机械手结构示意图。试按类似设想设计适用于最大直径为 φ500 mm 的圆形工件夹取的平面移动式工业机械手。

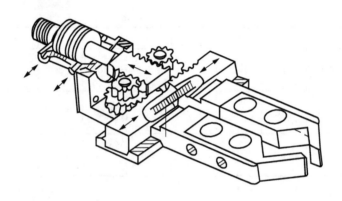

(4) 工业用气压倍加器　工业用气压倍加器是一种常用装置。试设计一高压倍加器,其具体参数如下:出口压力为 50 MPa,进口压力为 0.5 MPa(气源由空压机提供),行程为200 mm,产气量为 1 m³/min。

(5) 高层建筑火灾逃生装置　试设计一高层建筑火灾逃生装置,发生火灾时可以借助其安全逃生。要求该装置具有匀速下降功能,不受人体重量的影响,不以电能为动力,便于操作,同时适合老弱病残人员和无行为能力人员使用。

(6) 多功能残疾人自助轮椅车　设计一种新型残疾人自助轮椅车,该车不仅要平地行走,同时应有爬坡省力、可自助上楼的功能,要求运行稳定、安全性好、便于操作、省力,综合性能指标优于目前市场上同类产品。

(7) 回收易拉罐空瓶装置　设计一种可以回收易拉罐空瓶的装置,每当将一个易拉罐空瓶塞入该装置后能自动将其压扁放入底部,并扔出一角硬币。要求结构合理、工作原理有创新、外形美观大方、加工方便、成本适中。

(8) 窗玻璃擦洗装置　设计一窗玻璃擦洗装置,工作人员只需站在室内操作,要求操作方便、安全,工作原理新颖,成本较低,适合家庭及办公楼房使用。

(9) 多功能台虎钳　设计一种新型台虎钳,要求其能够满足空间不同角度的定位需求。

(10) 手动式汽车轮胎充气装置　试设计一种手动式汽车轮胎充气装置,该装置能够在没有电力驱动的情况下,完全靠手动完成对汽车轮胎的充气。要求体积小、重量轻、操作方便、成本较低、造型美观。

(11) 手动金属钻孔工具　设计一手动金属钻孔装置,完全依靠手动的力量实现金属钻孔。要求操作方便、省力、结构合理、体积小、外形美观。

(12) 新型联轴器　设计一新型联轴器,要求冲击小、缓冲能力好、适用的速度范围较广、结构简单、加工方便、有创新性。

(13) 太空舱宇航员质量测量装置　设计一台能够在太空失重状态下测量宇航员质量的装置,并考虑如何在地面重力作用下进行该设备的性能测试。

(14) 硬币分拣装置　设计一硬币分拣装置,该装置能将不同面值的硬币分拣并打包。要求体积小、外形美观、操作方便,最好具有显示功能。

(15) 电杆爬升装置　设计一新型电杆爬升装置,用于帮助电力工人攀爬电杆,要求该机构结构简单、重量轻、操作方便、使用可靠、攀爬速度较快。

(16) 光滑壁面爬升清洗装置　设计一种可以爬升光滑壁面(如玻璃墙面)并进行清洗的装置,要求体积小、重量轻、能遥控(或电控)换向、安全可靠、操作方便。

(17) 可折叠变升程梯　设计一种可以折叠的新型梯子,要求具有变升程功能,最大高度可达 6 m,载重量可达 200 kg,使用方便,可以实现完全折叠、强度可靠、攀爬方便、重量限定在人力可以搬运的范围。

(18) 水果削皮器　设计一种新型的水果削皮器,要求工作原理新颖、结构简单、外形美观、操作方便、效率高、具有市场竞争优势。

(19) 深水水样采集器　设计一种可以抛入水中自动沉入 500 m 深处采集水样的装置,要求每次采集 0.5 L 水样,然后自动浮出水面,采集的水样深度误差为±10 m。

(20) 跳伞员着地保护装置　设计一种跳伞员着地保护装置,要求未经培训的所有人群都可以很容易地掌握使用方法,结构简单、安全可靠、重量轻。

(21) 家用小型碾米机　设计一种新型家用小型碾米机,采用电动或手动进行工作,适合家庭使用。

(22) 球形滚动机器人　设计一种球形滚动机器人,要求其具有定向、转向、停止等功能,以球形为外形,设计确定其内部结构、工作原理、动力输入方式。

(23) 一种能爬楼梯的小推车(或小拖车)　设计一种能够爬上楼梯的小推车(或小拖车),适用于老弱病残人员上下楼时搬运物品,要求运动平稳、省力、安全可靠、结构简单、使用方便。

(24) 机构式晒衣架　设计一种新型的机构式晒衣架,要求:晒衣架先从上到下移动到某一位置,待衣物摆好后,再上升,最后将衣物横送出室外晒衣;上升、下降和送出动作要缓慢平稳;结构简单,机构要有自锁功能。

(25) 简易包馅机　设计一种家庭使用的包馅机械装置,将皮和馅料送入后可自动包成各种面点。要求将皮和馅料分别送入,自动包好后送出。

(26) 自动售报机　设计一种可以放置于公共场所自动售报纸的机器(装置),顾客投入(推入)一枚硬币就可以自动弹出(送出)一份报纸。

(27) 具有环保清扫垃圾功能的自行车　设计一种具有环保清扫垃圾功能的自行车,该自行车在人力踏动时不仅能够向前运动,而且能够带动一个机构对路面进行清扫。清扫机构要方便拆卸。

(28) 手动式洗衣机　设计一种手动式洗衣机,适用于偏远缺电地区的家庭使用,该洗衣机具有揉搓、洗涤功能,结构简单、成本低。

(29) 爬楼梯运输装置　设计一种爬楼梯运输装置,用于向楼上搬运小型货物,代替人的肩扛和手提。该装置具有结构简单、成本低、可折叠等特点。

(30) 自动调整站姿的太空星球探测机构　设计一种具有自动调整站姿的太空探测机构,该机构不管从哪个方向落地,都会自动地调整,使得固定的一端朝上,不管在什么样的地面都保证用固定的面着地。

(31) 新型无级变速机构　设计一种能够实现无级变速的机构,要求该机构具有变速范围大、传动可靠、传递功率大等特点。

(32) 便携式老年人用助立器　设计一种能够帮助老年人实现站立的装置(机构),具有体积小、成本低、多功能等特点。

(33) 蚯蚓运动式爬行器　设计一种类似蚯蚓爬行原理的运动装置,可以实现在平面及管道内的爬行,要求结构简单、成本低、机构原理新颖。

(34) 停水后来水自动关闭水龙头　设计一种新型的水龙头,要求在停水后仍处于打开状态,当来水时能够自动关闭,起到安全保护作用。

(35) 环保型手推式草坪剪草机　设计一种手推式草坪剪草机,该机器要求结构简单、无需电力驱动、无污染、成本低、操作方便。

(36) 自行车防盗装置(锁)　设计一种新型的自行车防盗锁,该装置具有结构简单、成本低、使用方便、防盗效果好的特点,无须对自行车进行大规模改动。

(37) 自动出杯装置　设计一种能够与饮水机配套使用的自动出杯装置,在需要杯子的时候能够通过某种简单的操作完成取杯。

(38) 盲人导航仪　设计一种能够用对盲人进行导航的装置,该装置具有对前方障碍物进行探测的功能,并能通过给盲人传递适当的信号,指引盲人避开障碍物。

(39) 手动式自行车充气装置　设计一种能够用手动方式操作的自行车充气装置,要求该装置的工作原理与现有的打气筒完全不同,体积小,操作方便,能够折叠携带。

(40) 气流喷射式割草机　设计一种能够采用气流喷射原理进行工作的割草机,要求体积小,具有效率高、节能、外形美观等特点。

(41) 自行车助力器　设计一种利用路面颠簸实现省力的自行车机构,要求在目前自行车机构上进行改进来实现这一功能。

(42) 摩擦系数测试装置　设计一种能够测试摩擦系数的实验装置,该实验装置具有体积小、便于操作的特点,可以对滑动摩擦力及摩擦系数进行较为精确的测试。

(43) 电梯自重发电装置　设计一种利用电梯下降自重进行发电的装置,该装置可以直接装在普通的电梯上进行工作,发出的电可以直接接入电网系统。

(44) 多功能演讲台　设计一种可升降的多功能演讲台,该演讲台具有升降功能,并可以根据报告人的要求,任意调节其倾斜角度,并具有旋转功能。

(45) 办公室用碎纸装置　设计一种办公室用碎纸装置,该装置要不同于目前常用的碎纸机器,体积要很小,可以放在地上、桌子上,也可以挂在墙上。

(46) 家用壁挂式折衣机　设计一种家用壁挂式折衣机,该折衣机要具有平板式外形,能挂在墙上,具有折叠和打开功能,原理也具有新意,机构可靠。

(47) 重物搬运辅助装置　设计一种能够辅助搬运工搬运重物的机械机构,该机构要能够充分利用人体的运动特点,起到助力作用,从而减少搬运工人的体力消耗。

(48) 简易打包机构　设计一款适合于家庭使用的简易打包机构,该机构具有结构简单、重量轻、体积小、便于折叠收纳的特点,能够实现对各种不同尺寸的箱包的扎紧功能。

(49) 苹果分拣装置　设计一种可以对苹果大小按照尺寸进行分类的装置,该装置可以折叠收纳,适用于果农对所收获的苹果进行大小分类。

(50) 多功能病床　设计一种新型多功能病床,该病床不同于目前医院里常见的病床,要求具有辅助病人翻身、下床、坐起等功能,并能够辅助病人从一个病床转移到另外一个病床上。

参考文献

[1] 安琦,顾大强.机械设计[M].2 版.北京:科学出版社,2016.

[2] 邱宣怀,郭可谦,吴宗泽,等.机械设计[M].4 版.北京:高等教育出版社,1997.

[3] 许镇宇.机械零件[M].北京:高等教育出版社,1965.

[4] 濮良贵,纪名刚.机械设计[M].7 版.北京:高等教育出版社,2001.

[5] 余俊,金永昕,余梦生,等.机械设计[M].2 版.北京:高等教育出版社,1986.

[6] 杨明忠.机械设计[M].北京:机械工业出版社,2001.

[7] 徐灏.机械设计手册[M].北京:机械工业出版社,1991.

[8] 吴宗泽.机械设计[M].北京:高等教育出版社,2001.

[9] 黄纯颖.机械创新设计[M].北京:高等教育出版社,2000.

[10] 全永昕.工程摩擦学[M].杭州:浙江大学出版社,1990.

[11] 王昆,何小柏.机械设计课程设计[M].北京:高等教育出版社,2003.

[12] 王大康,卢颂峰.机械设计课程设计[M].北京:北京工业大学出版社,2009.

[13] 王之烁,王大康.机械设计综合课程设计[M].北京:机械工业出版社,2003.

[14] 李育锡.机械设计课程设计[M].西安:西北工业大学出版社,2008.

[15] 王洪,刘扬.机械设计课程设计[M].北京:北京交通大学出版社,2002.

[16] 王旭,王积森.机械设计课程设计[M].北京:机械工业出版社,2003.

[17] 骆素君.机械设计课程设计实例与禁忌[M].北京:化学工业出版社,2009.

[18] 巩云鹏,田万禄.机械设计课程设计[M].北京:科学出版社,2008.

[19] 高志,黄纯颖.机械创新设计[M].北京:高等教育出版社,2000.

[20] MOTT R L. Machine elements in mechanical design [M]. 3rd ed. Prentice-Hall, 1999.

[21] SHIGLEY J E, MITCHELL L D. Mechanical engineering design [M]. 4th ed. McGraw-Hill, 1983.

[22] MAITRA G M, PRASAD L V. Mechanical design [M]. McGraw-Hill, 1985.

[23] JUVINALL R C. Fundamentals of machine component design [M]. John Wiley & Sons, 1983.

[24] JEFFERSON T B, BROOKING W J. Introduction to mechanical design [M]. The Ronald Press, 1951.

[25] EDWARDS K S, MCKEE R B. Fundamentals of mechanical component design [M]. McGraw-Hill, 1991.

[26] CREAMER R H. Machine design [M]. 3rd ed. Addison-Wesley, 1984.

[27] BERARD S J, WATERS E O, PHELPS C W. Principles of machine design [M]. The Ronald Press, 1955.

[28] SPOTTS M F. Design of machine elements [M]. 6th ed. Prentice-Hall, 1985.